恐龍家族

全圖解

100種史前恐龍大檢閱

著 ◆ 達斯汀·格羅維克（Dustin Growick）

顧問 ◆ 戴倫·奈舒（Darren Naish）

新雅文化事業有限公司
www.sunya.com.hk

DK Penguin Random House

新雅‧知識館

恐龍家族全圖解

作者：達斯汀‧格羅維克 (Dustin Growick)

顧問：戴倫‧奈舒 (Darren Naish)

翻譯：關卓欣

責任編輯：趙慧雅

美術設計：何宙樺

出版：新雅文化事業有限公司

香港英皇道499號北角工業大廈18樓

電話：(852) 2138 7998

傳真：(852) 2597 4003

網址：http://www.sunya.com.hk

電郵：marketing@sunya.com.hk

發行：香港聯合書刊物流有限公司

香港荃灣德士古道220-248號荃灣工業中心16樓

電話：(852) 2150 2100

傳真：(852) 2407 3062

電郵：info@suplogistics.com.hk

印刷：鶴山雅圖仕印刷有限公司

廣東省鶴山市古勞鎮玄壇廟工業區（雅圖仕印刷有限公司七座）

版次：二〇一八年二月初版

二〇二三年一月第四次印刷

版權所有‧不准翻印

ISBN: 978-962-08-6950-1

Original title: *Dinosaur A to Z*

Copyright © 2017 Dorling Kindersley Limited.

A Penguin Random House Company.

Traditional Chinese Edition © 2018 Sun Ya Publications (HK) Ltd.

18/F, North Point Industrial Building, 499 King's Road, Hong Kong

Published in Hong Kong SAR, China

Printed in China

For the curious

www.dk.com

目錄

恐龍大檢閱，開始！

歡迎來到恐龍世界！

這本書將會帶你認識各式各樣的恐龍。由阿貝力龍（Abelisaurus）到祖尼角龍（Zuniceratops），由體形最小至最大，還有最奇特有趣的恐龍！

本書每頁都包含了豐富的恐龍資料：

恐龍名字的英文讀音

要讀出恐龍的名字一點也不難，看看簡易的讀音指引就可以了！

恐龍名字的意思

恐龍的名字常常反映牠們某部分的特徵，或是恐龍化石的發現地點。

恐龍的簡介

了解恐龍的特徵、飲食習性和生存的時代，以及恐龍與恐龍之間的關係。書中提到的重要特徵會以粗體標示出來。

還有補充資料，讓你增長恐龍小知識！

Edmontosaurus
埃德蒙頓龍

英文讀音：ed-MON-toe-SAW-russ
名字的意思：埃德蒙頓蜥蜴

埃德蒙頓龍的頭顱骨很長，長度可達1米，巨大的頭骨也代表牠們有一個巨大的嘴巴，內裏有數百隻牙齒，排成一行又一行。在牠們一生中，新的牙齒會不停地長出，取代不斷脫落的舊牙齒。

埃德蒙頓龍會前後移動牠的下顎來咀嚼食物。

埃德蒙頓龍出沒在北美洲的西部。

埃德蒙頓龍是其所屬的鴨嘴龍科中，身形最大的成員之一。

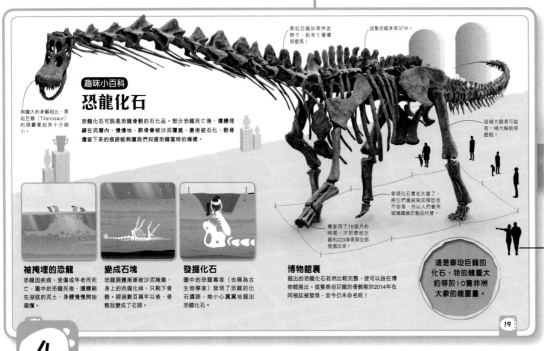

趣味小百科
恐龍化石

恐龍化石可說是恐龍骨骼的石化品。部分恐龍死亡後，遺體埋藏在泥層內，慢慢地，骸骨會被沙泥覆蓋，最後被石化，骸骨還留下來的痕跡能夠讓我們知道恐龍當時的模樣。

與龐大的身軀相比，泰坦巨龍（Titanosaur）的頭顱看起來十分細小。

泰坦巨龍如果伸直脖子，能有5層樓那麼高。

這隻恐龍身長37米。

這條大腿骨可能有一條大輪胎那麼粗。

骨頭化石實在太重了，把它們裝嵌裝成模型座不容易，所以人們會用玻璃纖維仿製品代替。

專家用了18個月的時間，才把泰坦巨龍的223塊骨頭全部發掘出來。

被掩埋的恐龍
恐龍因疾病、受傷或年老而死亡，圍中的恐龍死後，遺體剩在溜游的泥土，身體慢慢開始腐爛。

變成石塊
恐龍屍體漸漸被沙泥掩蓋，身上的肉腐化掉，只剩下骨骼。經過數百萬年以後，骨骼就變成了石頭。

發掘化石
園中的恐龍專家（也稱為古生物學家）發現了恐龍的化石遺跡，他小心翼翼地掘出恐龍化石。

博物館裏
掘出的恐龍化石若能比較完整，便可以放在博物館展出。這隻泰坦巨龍的骨骼剛於2014年在阿根廷發現，至今仍未命名呢！

這是泰坦巨龍的化石，牠的體重大約等於10隻非洲大象的總重量。

書中還有**趣味小百科**，讓你知道更多關於恐龍的各種專題知識。

這次的大檢閱還可以看到飛翼恐龍！

認識一下恐龍時代的植物和樹木吧！

恐龍體形比例

在書中各頁遊走的恐龍，牠們體形的大小是按比例的，所以有時候，你只會看到某些體形高大的恐龍的腳部而已！

本書最後附有**恐龍小檔案**，各種恐龍的資料和數據，一目了然！

比較一下一般孩子跟恐龍體形上的差距吧！

如果動物的雙眼是朝兩側生長的話，那牠們很可能就是草食性動物了。

Eryops
引螈

英文讀音： ear-ee-ops
名字的意思： 拉長的臉孔

引螈看似是一隻肥大遲緩的兩棲類動物，但事實上牠們是十分可怕的！牠有大大的頭顱，又長又有力的雙顎。動物一旦被牠們擒住，恐怕是九死一生了。

不列入恐龍類別

引螈的四肢從身體兩側伸出，明顯不是恐龍類別。

恐龍時代

看看連結在恐龍身上的顏色密碼，根據顏色你便會知道牠們生存的時代。你可能會發現一些非恐龍類動物偷偷混進這次大檢閱中，牠們都是史前生物，會用藍色或綠色來標示。

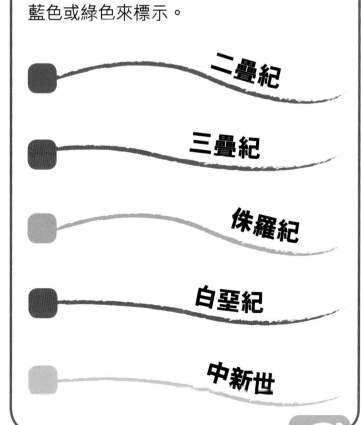

二疊紀

三疊紀

侏羅紀

白堊紀

中新世

「不列入恐龍類別」

書中有些動物並不歸類為恐龍，但也值得讓我們認識一下，找找這個標誌吧！

留意現今的動物跟恐龍體形的差別。

有些恐龍的頭部對比身體，會顯得非常細小。

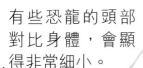
雀鳥也屬於恐龍家族！

什麼是恐龍？

恐龍的英文是dinosaur，意思是「恐怖的蜥蜴」。不過，牠們跟蜥蜴完全談不上關係！這種種類繁多的動物，體形的差異甚大，細小的如同一隻麻雀，巨大的足有三隻長頸鹿那麼高！

很多草食性（herbivore）恐龍的脖子都是長長的，能夠伸展到最高的樹頂進食。

鱗片（scale）

不少痕跡化石（fossil）殘留了恐龍皮膚的表層和樣貌，讓人們在很久以前便發現到恐龍身上長有鱗片。有些恐龍沒有鱗片，卻長有羽毛，有些則同時擁有兩者。

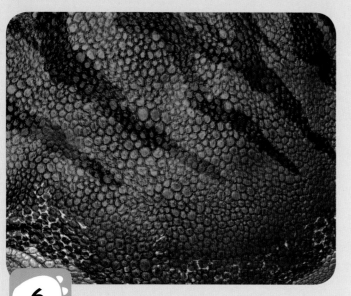

身型龐大的恐龍，需要粗壯的四肢來支撐身體的重量。

部分恐龍，例如梁龍（Diplodocus），會用四肢步行。有些則只用雙腳行走，餘下的兩「腳」會當作手臂。

恐龍蛋

就目前所知，所有恐龍都是卵生動物，大部分恐龍蛋巢都不大。有些恐龍甚至會坐在巢窩上為恐龍蛋保暖，就像現今的雀鳥一樣。

這隻恐龍蛋化石是屬於歷史上最巨大的鳥類——象鳥。

南方巨獸龍
(Giganotosaurus)
的尾巴

恐爪龍
(Deinonychus)
的尾巴

包頭龍
(Euoplocephalus)
的尾巴

尾巴

所有恐龍都有尾巴，但它們的用處可不一樣啊！有些是用作防衛，有些是用來保持身體平衡，幫助牠們跑得更快。

不過，有一種生物例外，不適用於以下圖表。那是一種稱為「偽鱷亞目」的爬行動物，牠們跟恐龍一樣，身體下長着四腳！

恐龍利用長尾巴來保持平衡。

這是恐龍嗎？

史前生物不一定是恐龍，試試利用以下圖表來分辨恐龍吧！

牠是否有鱗片或羽毛？

是！

是！

牠的腳是長在身體下面嗎？

牠是一隻恐龍！

否……

牠並不是恐龍呢！

否……

恐龍世紀

恐龍在中生代（Mesozoic Era）於地球出現，這時代約由2億5,000萬年前開始，至6,600萬年前結束。那時候，地球的氣溫比現在高，所有的陸地連接在一起，稱為盤古大陸（Pangaea）。

畸齒龍
（Heterodontosaurus）

二疊紀時期

3億年前的二疊紀（Permain），地球出現了最初期的爬行動物，以及早期的哺乳類生命體，那時候地球上還沒有恐龍呢！

三疊紀：2億5,000萬年至2億年前

高大的針葉樹在三疊紀初次出現，並在侏羅紀和白堊紀繁茂生長。

三疊紀時期

恐龍在三疊紀（Triassic）時期出現，橫跨了中生代最初的5,000萬年。

侏羅紀時期

侏羅紀（Jurassic）時期，地球上演變出更多新品種的恐龍，而且開始遍布各地。

冰脊龍
（Cryolophosaurus）

看！銀杏在三疊
紀、侏羅紀、白
堊紀時期生長得
多茂盛！

重爪龍
（Baryonyx）

侏羅紀時期：2億年至1億
4,500萬年前。

白堊紀：1億4,500萬年
至6,600萬年前。

白堊紀

恐龍在白堊紀（Cretaceous）
時期，成為了地球上的動物霸
主，可惜在一場大災難中被滅
絕了。

中新世

約在2,300萬年前的
中新世（Miocene）
時期，地球上除了
鳥類，再沒有恐龍
了。

魏立松蘇鐵
（Williamsonia）

恐龍的種類

中生代時期開始，地球上的恐龍種類繁多。為了更容易了解恐龍，科學家根據牠們的特徵和習性分類，以下是 4 種最為人熟悉的恐龍類別。

雖然恐龍的種類繁多，但牠們主要分為四大類：獸腳類、蜥腳類、角龍類、鳥腳類。

為什麼食肉恐龍鋒利的牙齒是向內彎的呢？原來是為了鎖着獵物，確保牠們能夠順利滑進自己的喉嚨，想逃也逃不了！

獸腳類

獸腳類恐龍擁有強壯的腿部肌肉，可以快跑追捕及壓制獵物。

獸腳類（Theropod）恐龍的體形各異，但牠們全是雙足動物，大部分更是肉食性的（carnivore）。此類恐龍包括了棘龍（Spinosaurus）、迅猛龍（Velociraptor）、暴龍（Tyrannosaurus rex）。

特徵：

- 尖利的龍爪
- 鋒利的牙齒
- 雙足行走

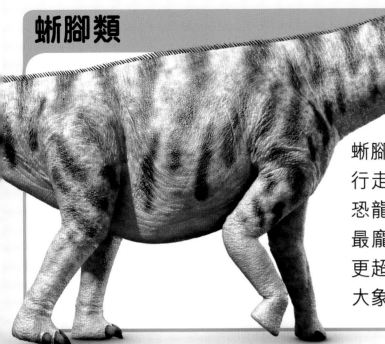

蜥腳類

蜥腳類（Sauropod）用四腳行走。在這些吃植物維生的恐龍當中，出現了地球史上最龐大的動物！部分的體重更超過80公噸，相等於10隻大象的重量！

蜥腳類恐龍的頭部（以及腦部）比起身體會顯得細小很多。

特徵：
- 長脖子
- 長尾巴
- 龐大的身形

角龍類

角龍類（Ceratopsian）的樣子奇特，有大大的頭部、頭冠（head crest）、尖刺、角和頭盾（frill）。牠們是草食性恐龍，羣居動物。三角龍（Triceratops）就是最廣為人知的角龍類了！

特徵：
- 大大的頭部
- 尖角
- 頭冠和頭盾

角龍類恐龍不擅長快跑，卻能長途行走。

鳥腳類

鳥腳類（Ornithopod）恐龍包括鴨嘴龍科（Hadrosaur），以及比牠們細小，用雙腳行走的近親——稜齒龍（Hypsilophodon）。大部分鳥腳類恐龍能夠以四腳或兩腳行走，尋找植物為食糧。

恐龍化石上的皮膚壓痕是重要線索，讓我們知道禽龍（Iguanodon）的皮膚樣貌。

特徵：
- 大量的牙齒
- 喙形嘴巴（beak）
- 快跑能手

Abelisaurus
阿貝力龍

英文讀音：ah-BELL-li-SAW-russ

名字的意思：阿貝爾的蜥蜴

這種中等體形的獸腳類恐龍擁有短小的前齒，在眼睛上方的頭骨，**有兩處凸起了的小骨**。這些已是我們目前所知道關於阿貝力龍的一切資料，牠們的骸骨殘留在阿根廷的巴塔哥尼亞，不過人們只發掘到阿貝力龍的頭骨。

恐龍約在2億5,000萬年前在地球上出現。

阿貝力龍是肉食性恐龍，大約於8,000萬年前在地球上生活。

史前時期的蕨類植物跟今天的十分相似。

阿貝力龍或許跟所有獸腳類恐龍一樣，都是用後肢直立行走的。

這是在恐龍時代生長的巨杉。

Albertaceratops
亞伯達角龍

英文讀音：al-BURT-a-sera-tops
名字的意思：亞伯達的尖角龍

牠們是巨型的草食性恐龍，頭顱骨構造非常特別，在大大的頭盾上，有兩隻尖利的鈎角，直指向鼻子。

除了有敏銳的視力外，阿貝力龍的嗅覺也十分靈敏。

亞伯達龍的尖角長1米。

大大的喙形嘴巴，能夠幫助牠們扯拔植物。

所有獸腳類恐龍像
艾伯塔龍一樣，有2或
3隻指爪。

艾伯塔龍跟大部分恐
龍相似，在一生中會
不停長出新的齒組。

艾伯塔龍與現今的雀
鳥一樣有叉骨——在
胸部與脖子之間成叉
型的骨頭。

Albertosaurus
艾伯塔龍

英文讀音：al-BURT-a-SAW-russ
名字的意思：艾伯塔的蜥蜴

艾伯塔龍雖然龐大，但還是比牠們的近親暴龍
細小。這兩種孔武有力的**肉食性**恐龍於翠綠繁
茂的亞熱帶森林居住。艾伯塔龍的頭顱骨長1
米，**眼睛上方長有骨冠**。那些呈鋸齒狀的香蕉
型尖牙，令牠們成為致命的恐龍殺手！

樹木約在3億8,000萬年前在地球上生長。

Allosaurus
異特龍

英文讀音：alloh-SAW-russ
名字的意思：奇特的蜥蜴

牠們是肉食性恐龍，**擁有一排鋒利的大牙齒。**當雙顎合上時，牙齒就如刀鋒一樣，能切斷其他動物的骨頭。恐龍專家發掘到大量異特龍的化石，讓我們知道此類恐龍是侏羅紀時期裏，其中一種獵食霸王。

中生代時期約在2億5,000萬年至6,500年前，被人們認為是「恐龍世紀」。

強而有力的雙顎能夠捕捉獵物，並緊咬牠們不放。

很多獸腳類恐龍都是行動迅速的肉食者，能夠追捕並壓制獵物。

蜥腳類恐龍是地球史上擁有最長尾巴的動物。

Amargasaurus
阿馬加龍

英文讀音： a-MAR-ga-SAW-russ
名字的意思： 阿馬加的蜥蜴

阿馬加龍是體形不大，**脖子長得怪怪**的蜥腳類恐龍。在阿根廷的阿馬加峽谷（La Amarga Arroyo）裏，人們發現了一副近乎完整的阿馬加龍骨骼。阿馬加龍長有兩行尖刺，由頭部沿着頸背，延伸至雙肩。由於牠們沒有牙齒，所以進食時會整棵植物吞進肚子裏！

對於擁有長脖子的恐龍來説，長有尖刺是十分罕有的。

阿馬加龍跟其他蜥腳類恐龍一樣是用四腳行走的。

Anchiornis
近鳥龍

英文讀音：AN-kye-OR-niss
名字的意思：近鳥

這種體形細小的恐龍出現在侏羅紀晚期，牠們巨大的飛翼及雙腳全都長滿了羽毛！2010年，古生物學家（恐龍專家）更在研究中得知近鳥龍羽毛的顏色。牠們的身體大部分地方都是黑和灰色，頭頂上則長有一簇紅毛。

這幅近鳥龍特寫顯示了牠們頭上那簇像羽毛般的紅毛。

Ankylosaurus
甲龍

英文讀音：an-KYE-lo-SAW-russ
名字的意思：堅固的蜥蜴

甲龍由頭部至腳趾差不多全**被骨板和刺覆蓋着**。這種草食性恐龍猶如在地上行走的坦克，牠們行動緩慢，常會慢條斯理地尋找食物，並以一身裝甲作為防衛。

跟身軀相比，所有蜥腳類恐龍的頭部看起來很細小。

甲龍的骨板稱為「皮內成骨」（Osteoderm），上面布滿圓角，能提供保護作用。

甲龍利用牠尾部的尾槌（club）發動攻擊，保護自己和幼小的甲龍。

魏立松蘇鐵是蕨類植物的一種。

與龐大的身軀相比，泰坦巨龍（Titanosaur）的頭顱看起來十分細小。

恐龍化石

恐龍化石可說是恐龍骨骼的石化品。部分恐龍死亡後，遺體埋藏在泥層內，慢慢地，骸骨會被沙泥覆蓋，最後被石化，骸骨遺留下來的痕跡能夠讓我們知道恐龍當時的模樣。

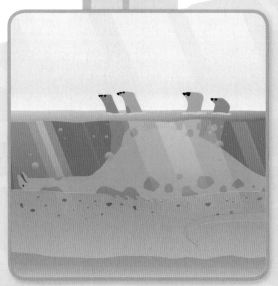

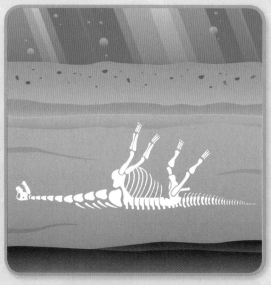

被掩埋的恐龍

恐龍因疾病、受傷或年老而死亡，圖中的恐龍死後，遺體躺在湖底的泥土，身體慢慢開始腐爛。

變成石塊

恐龍屍體漸漸被沙泥掩蓋，身上的肉腐化掉，只剩下骨骼。經過數百萬年以後，骨骼就變成了石頭。

發掘化石

圖中的恐龍專家（也稱為古生物學家）發現了恐龍的化石遺跡，她小心翼翼地掘出恐龍化石。

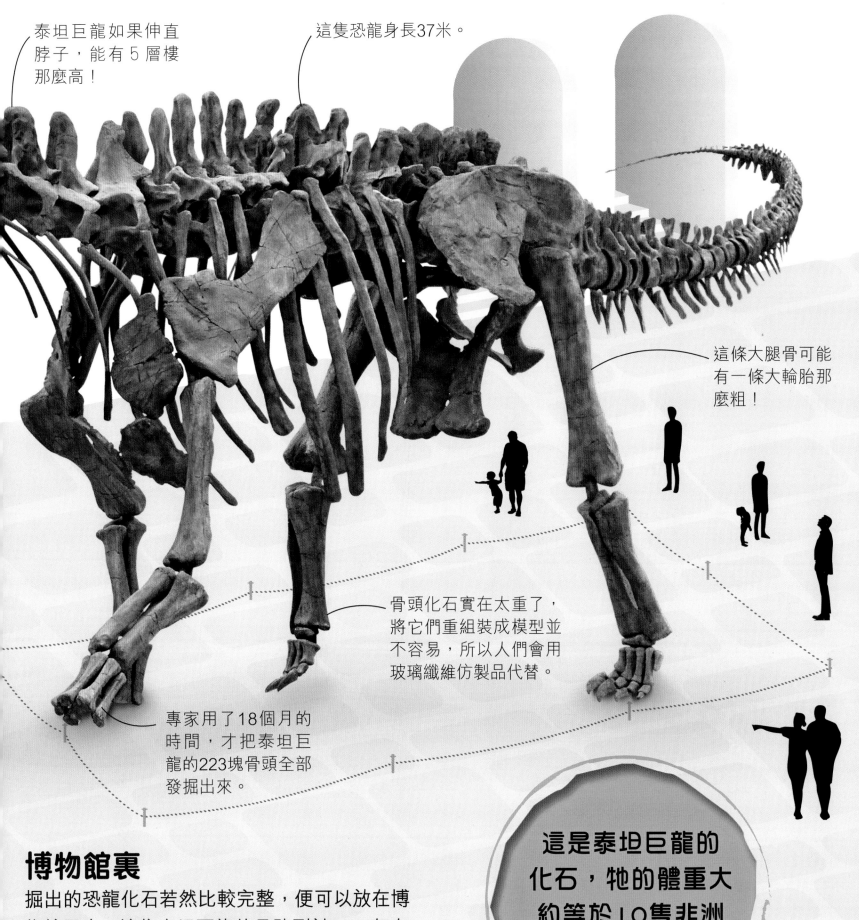

泰坦巨龍如果伸直脖子，能有 5 層樓那麼高！

這隻恐龍身長37米。

這條大腿骨可能有一條大輪胎那麼粗！

骨頭化石實在太重了，將它們重組裝成模型並不容易，所以人們會用玻璃纖維仿製品代替。

專家用了18個月的時間，才把泰坦巨龍的223塊骨頭全部發掘出來。

博物館裏

掘出的恐龍化石若然比較完整，便可以放在博物館展出。這隻泰坦巨龍的骨骼剛於2014年在阿根廷被發現，至今仍未命名呢！

這是泰坦巨龍的化石，牠的體重大約等於10隻非洲大象的總重量。

蜥腳類恐龍的尾巴是由多塊叫「椎骨」的骨頭組成。

銀杏等高聳的種子植物是不少草食性恐龍的美味點心。

恐龍在柔軟的泥土或沙地上容易留下腳印，形成化石。

很多蜥腳類恐龍都像迷惑龍一樣有腳趾狀的爪子。

驚人的長尾巴可以像鞭子般擺動，嚇走其他恐龍。

蜥腳類恐龍的脖子是動物界中最長的。

迷惑龍和雷龍是否同種類，科學家們仍在爭議中，尚未有定論。

蜥腳類恐龍擁有巨大的腿骨和強壯的肌肉，能夠支撐龐大的身軀。

Apatosaurus
迷惑龍

英文讀音：a-Pat-oh-SAW-russ
名字的意思：騙人的蜥蜴

迷惑龍是巨大的蜥腳類恐龍，按身體比例來看，牠們的頭部是十分細小的。此外，迷惑龍有一條長長的鞭子狀尾巴，棒形的牙齒，可以將樹枝上的綠葉扯下來。

迷惑龍的頸骨輕，內裏中空，令牠更容易抬起頭，伸到樹頂進食。

恐龍時期中不少巨型的蕨類植物，都生長在溫暖及濕潤的地方。

始祖鳥不但能飛翔，也可能有跑動和跳躍的能力！

Archaeopteryx
始祖鳥

英文讀音：AHR-kee-OP-ter-iks
名字的意思：遠古的飛翼

始祖鳥外形與雀鳥相似，雖然懂得飛翔，但只限於短距離而已。牠們提供了重要線索，告訴我們那些不能飛行的恐龍，跟現今飛鳥是有關係的。

恐龍進食後，在消化過程中很可能會製造出大量的氣體！

阿根廷龍可以留下
超過1.5米的腳印！

這棵植物稱為擬蘇鐵
（Cycadeoidea），
屬蕨類植物科。

Argentinosaurus
阿根廷龍

英文讀音：
Ahr-jen-TEEN-oh-SAW-russ

名字的意思：阿根廷蜥蜴

像阿根廷龍這樣身型龐大的長頸恐龍，食量是十分驚人的，牠們每天都進食大量植物！與大部分蜥腳類恐龍一樣，阿根廷龍擅長將樹葉從高大的樹頂上扯下來。

南方盜龍用牠們鋒利的爪去捕捉其他恐龍作食物。

阿根廷龍是其中一種體形巨大的恐龍。

阿根廷龍先用雙顎將植物嚼碎，然後才吞下。

重龍的長尾巴有助牠們平衡身軀，也可令牠們在逃避追捕時，能夠急速轉彎。

南方盜龍的頭骨既長且窄，長滿平滑的錐形牙齒。

Austroraptor
南方盜龍

英文讀音：OW-stroh-RAP-tor
名字的意思：南方捕捉者

南方盜龍在阿根廷被發現，牠們屬於一種叫馳龍的有羽毛恐龍家族，也是馳龍科中體形最大的一員。

巨型紅杉樹

Barosaurus
重龍

英文讀音：
BA-row-SAW- russ
名字的意思：重型蜥蜴

這種北美洲的草食性動物有一條長脖子，可伸至高高的樹頂。重龍絕對是龐然大物，牠們要不斷進食才能獲得足夠的養分和能量。

我們對重龍的前肢、後肢和脊椎都有深入的了解，但牠們的足部及頭部構造依然是個謎團，因為至今人們仍未發現這些部位的化石。

重龍就像一隻體形較瘦、較長的迷惑龍。

Baryonyx
重爪龍

英文讀音：barry-ON-iks
名字的意思：重型的爪

重爪龍是擁有巨爪、窄長下顎的捕獵者，牠們生活在歐洲的西部，主要**捕食魚類**維生，但間中也會獵食較細小的恐龍和翼龍。

重爪龍是極聰明的捕食者，會用牠的巨爪在湖泊及河流捕捉魚類。

重爪龍長有極多的細小牙齒，數量差不多是暴龍的兩倍。

強壯的前臂有助捕捉魚類。

恐龍具有敏
銳的視覺及
聽覺。

恐龍時代中，這種叫魏
立松蘇鐵的植物遍布全
個地球。

腕龍的頭上長了一個
大大的頭冠。

Brachiosaurus
腕龍

英文讀音：brak-KEY-oh-SAW-russ
名字的意思：手臂蜥蜴

腕龍屬於蜥腳類恐龍，也是地球史上其中
一種最巨大的動物。牠們的前肢比後肢
長，脖子可像長頸鹿般向上伸展，令牠們
能夠吃到**最高**的樹上的樹葉。

腕龍用巨大有力的腳
行走。

腕龍足部的長度
接近1米。

在恐龍時代，
高聳的針葉樹
是很常見的。

接近尾巴末端的一組v字骨。

短冠龍與大部分
鴨嘴龍科的恐龍
相似，會聚集在
一起照顧幼小的
恐龍。

像雀鳥、鱷魚和蜥蜴一樣，恐龍很可能用身上鮮豔的顏色來溝通。

Brachylophosaurus
短冠龍

英文讀音：brak-EE-lo-foh-SAW-russ
名字的意思：短冠的蜥蜴

有別於其他鴨嘴龍科的恐龍，短冠龍的頭顱頂部長有平坦的骨冠。牠們的遺骸化石提供了線索，讓考古學家知道牠們的皮膚斑紋的圖案，甚至可推斷這種草食性動物的肌肉是什麼模樣的！

南洋杉木是蜥腳類恐龍最喜愛的食物之一，它能長至60米高。

圓頂龍像其他蜥腳類恐龍一樣，需要一個十分強壯的心臟，將血液從胸部輸送到牠們的頭部。

Camarasaurus
圓頂龍

英文讀音：
KAM-ar-oh-SAW- russ
名字的意思： 空腔的蜥蜴

部分蜥腳類恐龍，例如圓頂龍的腿骨比一整個成年人還要粗大。

古生物學家發現不少完好的**圓頂龍身體**的化石，那些殘留下來的足跡告訴我們，這些恐龍喜愛**集體**行動。圓頂龍的頭骨呈正方形，而且經常成為異特龍的獵物。

Camptosaurus
彎龍

英文讀音：kamp-TOE-SAW-russ

名字的意思：可彎曲的蜥蜴

跟其他喙嘴恐龍近親相比，彎龍的身軀頗為細小。不過，牠們極為強壯而且頗重，加強了受襲時的自保能力。彎龍是生活在北美洲的草食性動物，也是其中一種最早被發現的恐龍。

兩個鼻孔遠離嘴部，避免進食時被植物弄得發癢。

在美國紐約的美國自然史博物館裏，存放了一副近乎完整無缺的彎龍骸骨。

彎龍有大大的臉頰，有助牠們將更多的植物含放在嘴裏。

彎龍的尾巴有助牠在奔走時平衡身體。

強壯、結實的腿部令彎龍能夠快速奔走，逃避攻擊。

樹蕨（Tempskya）是一種外貌像樹木的蕨類植物。

恐龍的家

在恐龍生存的年代，地球的氣候較現時溫暖，適合不同品種的
植物生長，也為恐龍提供很多棲息之地。草食性動物會聚集在
一起進食，可是，只要有草食性動物的地方，就一定會有對牠
們虎視眈眈的肉食性動物出現。

河岸

對恐龍來說，河岸是牠們不錯的捕獵場
地。牠們可以捕食河裏的鮮魚，也可以吃
生長在水邊的植物。細小的哺乳類動物
（mammal）走近河邊喝水時，隨時成為
飢餓的肉食性恐龍順手拈來的大餐。

沙漠

某些恐龍能棲息在乾旱的地
方，從巨大的沙漠開花植物那
裏得到食物及水分。恐龍並不
是酷熱及乾涸之地的唯一生存
者，其他小動物如蠍子等，就
不時在那裏四竄。

禽龍的喙嘴及牙齒最
適合進食植物。

葬火龍是獸腳類恐龍的
一種，當時在中國及蒙
古的戈壁沙漠中生活。

蕨類植物

肋木

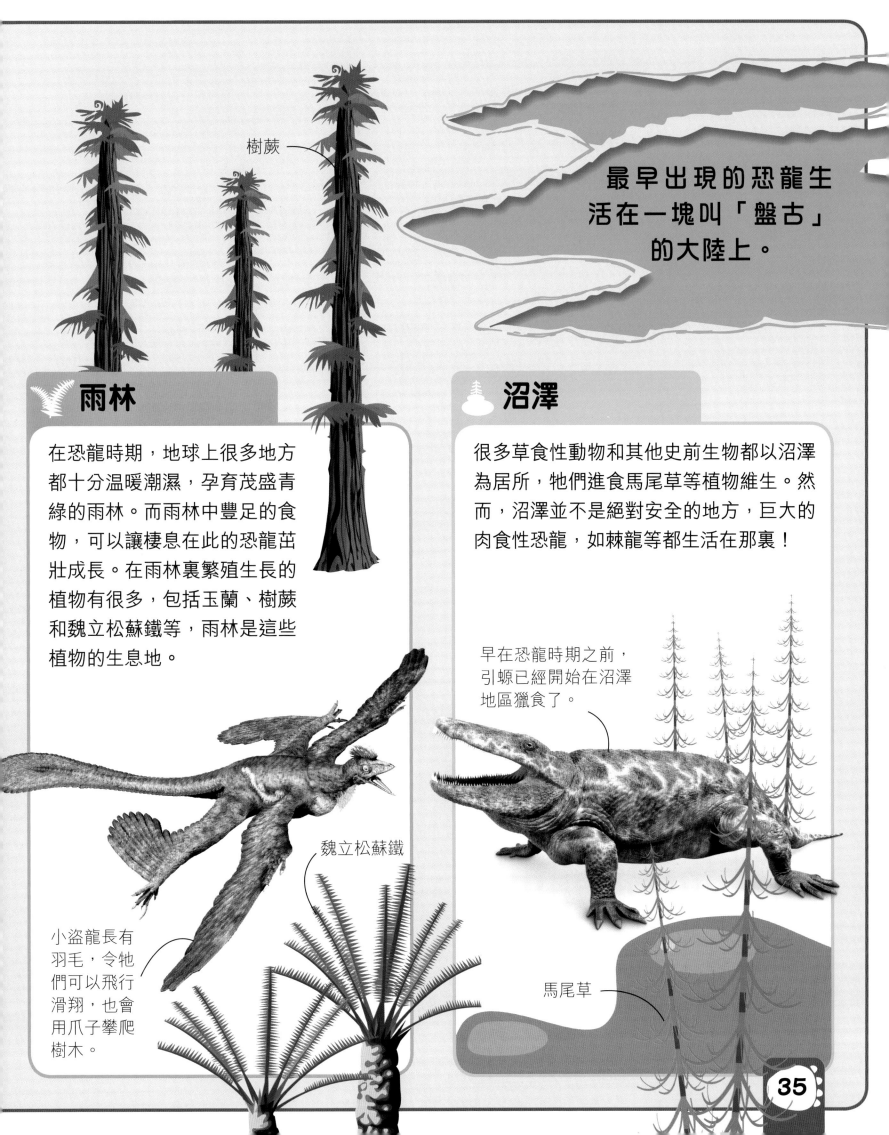

樹蕨

最早出現的恐龍生活在一塊叫「盤古」的大陸上。

🌿 雨林

在恐龍時期，地球上很多地方都十分溫暖潮濕，孕育茂盛青綠的雨林。而雨林中豐足的食物，可以讓棲息在此的恐龍茁壯成長。在雨林裏繁殖生長的植物有很多，包括玉蘭、樹蕨和魏立松蘇鐵等，雨林是這些植物的生息地。

🌲 沼澤

很多草食性動物和其他史前生物都以沼澤為居所，牠們進食馬尾草等植物維生。然而，沼澤並不是絕對安全的地方，巨大的肉食性恐龍，如棘龍等都生活在那裏！

早在恐龍時期之前，引螈已經開始在沼澤地區獵食了。

魏立松蘇鐵

小盜龍長有羽毛，令牠們可以飛行滑翔，也會用爪子攀爬樹木。

馬尾草

35

鯊齒龍是地球史上其中一種最大的肉食性動物！

粗壯的大腳
有助恐龍壓
制獵物。

大型的針葉樹，例如紅杉等，是草食性動物的豐富大餐，不過這些草食性動物就成為鯊齒龍的獵物了！

在陸上生物之中，鯊齒龍是其中一種擁有最大頭骨的動物。

鯊齒龍可以用牠的血盤大口，將體形較小的恐龍整隻吞下。

幾乎所有獸腳類恐龍都長有利爪，用以緊抓獵物。

Carcharodontosaurus
鯊齒龍

英文讀音：Kar-karo-DON-toe-SAW-russ
名字的意思：鯊齒蜥蜴

這種強而有力的食肉獸，擁有大約1.6米長的雙顎，內裏長滿達20厘米長的鋸齒形牙齒，恐龍專家相信鯊齒龍是利用這與生俱來的強力「工具」，深深咬進獵物的肌肉。

獸腳類恐龍是用後肢站立的，以肉食性動物為主。牠們的體形差異很大，有的小如鴿子，有的比暴龍更巨大。

瘦削的雙腿能讓獸腳類恐龍變得輕巧，比其他腳部笨重的恐龍跑得更快。

食肉牛龍的前肢是獸腳類恐龍中最小的。

Carnotaurus
食肉牛龍

英文讀音：kar-noh-TOR-uss
名字的意思：食肉的公牛

食肉牛龍生活在南美洲內一個稱為巴塔哥尼亞的地方，如牠們的名字一樣，食肉牛龍食量驚人，牠們兩眼上方，就像公牛般長了一對凸出的錐形角。

銀杏植物的葉
是扇形的。

Centrosaurus
尖角龍

英文讀音： SEN-tro-SAW-russ
名字的意思： 尖刺蜥蜴

有別於其他角龍類恐龍，尖角龍的獨
特之處是牠們有一個像褶邊的頭盾，
上面長了向前的尖角。有人估計這個
褶邊頭盾可用作分辨身分，也可作為
打鬥時的武器。

Caudipteryx
尾羽龍

英文讀音： kor-DIP-ter-iks
名字的意思： 尾羽鳥

如果尾羽龍能生存至今，牠們或許會
被誤認為是一種奇形怪狀的雀鳥。尾
羽龍既吃小動物，也吃植物。牠們雖
然長滿羽毛，卻不能夠飛翔。

兩隻恐龍不會
擁有完全一樣
的頭盾。

Ceratosaurus
角鼻龍

英文讀音：see-RAT-oh-SAW-russ

名字的意思：有角的蜥蜴

角鼻龍是體形頗大的獸腳類恐龍，鼻端上長有刀片狀的角。牠們是肉食性恐龍，背部沿着脊椎的位置有小型的骨板，上顎則長着特長的牙齒。

人們在美國及葡萄牙發現角鼻龍的骸骨。

角鼻龍的鼻端上方有一隻又大又尖，呈三角形的角。

蕨類植物在潮濕及陰涼的地方生長。

巴西松

恐龍是第一種主
要生活在陸地上
的動物。

Citipati
葬火龍

> **英文讀音：** sih-tee-PA-tee
> **名字的意思：** 火葬柴堆之主

葬火龍的大小和鴯鶓相若。牠們會像
現今的鳥兒一樣，坐在蛋巢裏的恐龍
蛋上，保護它們。

大部分的小型獸腳類恐
龍都長滿羽毛。

Coelophysis
腔骨龍

> **英文讀音：** see-lo-fi-sis
> **名字的意思：** 空心的形態

腔骨龍是身形細小、行動快速、視
力極佳的獸腳類恐龍。牠們生活在
北美洲的西南部。被挖掘出來的腔
骨龍骸骨保存得十分完整，甚至可
從牠石化了的胃部，知道這隻恐龍
最後的晚餐是一隻外貌近似鱷魚的
黃昏鱷。

長長的後肢和中空
的骨頭令腔骨龍跑
得很快！

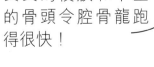

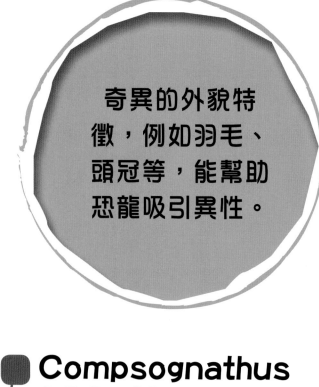

奇異的外貌特徵，例如羽毛、頭冠等，能幫助恐龍吸引異性。

Concavenator
昆卡獵龍

昆卡獵龍是中型的獸腳類恐龍，牠們長有鱗片，在背部下方位置長有凸出的**駝峯**。科學家相信那些駝峯具展示作用，藉此辨認其他同屬昆卡獵龍的同伴。

Compsognathus
美頜龍

美頜龍雖然是十分細小的食肉獸，但這種獸腳類恐龍在追逐獵物時，可以跑得很快。牠們是最早擁有羽毛的恐龍之一，能夠一下子將獵物全部嚥下。

強壯的頸部肌肉能幫助昆卡獵龍吞嚥獵物。

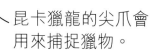

昆卡獵龍的尖爪會用來捕捉獵物。

Corythosaurus
冠龍

英文讀音：cor-ith-o-SAW-russ
名字的意思：頭盔蜥蜴

冠龍屬於鴨嘴龍科，重達4,000公斤，需要大量進食，並長有數以百計的牙齒來幫助咀嚼食物。牠們奇特的頭冠能夠發出低頻的巨大聲音，也可用來吸引異性。

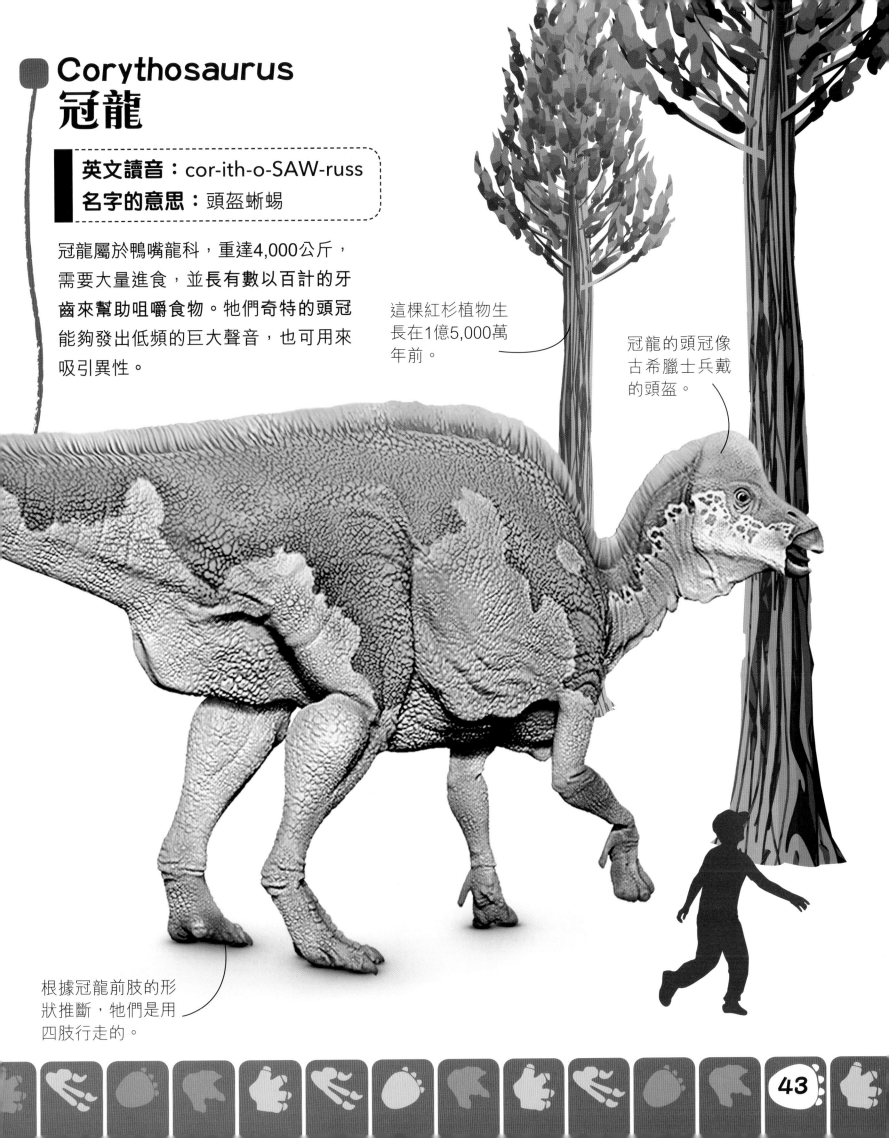

這棵紅杉植物生長在1億5,000萬年前。

冠龍的頭冠像古希臘士兵戴的頭盔。

根據冠龍前肢的形狀推斷，牠們是用四肢行走的。

Cryolophosaurus
冰脊龍

英文讀音：crya-LOW-foh-SAW-russ
名字的意思：冰冷的有冠蜥蜴

冰脊龍是獨特的獸腳類恐龍，牠們是唯一在**南極洲**找到的肉食性恐龍，也是那時最大的獸腳類恐龍之一；在牠們狹窄的前額上，長有一個橫向的**扇形頭冠**。

大部分食肉獸都有立體視覺，這令牠們很輕易便能鎖定獵物。

冰脊龍生活在氣候較冷的地域，這可能是牠們長有羽毛來保暖的原因。

冰脊龍用強而有力的後肢來奔跑和跳躍。

時至今日，
銀杏仍然能
隨處可見。

懼龍的尾巴長
有羽毛，可用
來吸引異性。

恐龍身上的羽毛
可以用來保暖，不
同的色彩更有助牠
們選擇配偶。

懼龍的刀片狀長牙齒對就近的恐龍而言，具有相當大的威脅！

尾巴末端被大量的羽毛覆蓋着。

有些恐龍擁有強而有力的雙顎，以及數百隻牙齒；有些恐龍卻只有喙，並且沒有牙齒！

Daspletosaurus
懼龍

英文讀音：das-PLEETO-SAW-russ
名字的意思：讓人懼怕的蜥蜴

懼龍是中型的**食肉獸**，生活在北美洲的西部，牠們的頭很大，**雙顎有力**。不少恐龍如尖角龍和亞冠龍等，就是被牠們強而有力的顎所吞噬。

Deinocheirus
恐手龍

英文讀音：DINO-ky-russ
名字的意思：恐怖的手

牠們有巨大的**雙臂**，嘴巴呈喙狀，沒有牙齒，尾巴末端是三角板狀的，能支撐着排列成羽扇形的羽毛，就像我們所熟悉的孔雀一樣。

恐手龍的嘴巴沒有牙齒，只有一個像鴨子喙的喙嘴。

有些恐龍喜歡獨來獨往，有些則愛隨着整個族羣而行動。

恐手龍的前肢很長。

猴謎樹（又名智利南洋杉）生長在恐龍時期。

Deinonychus
恐爪龍

英文讀音： dye-no-NIGH-kuss
名字的意思： 恐怖的爪

恐爪龍體形細小，但卻是**極度危險**的食肉獸，牠們腳上的爪子很大，而且呈曲線形。不過當這種獵食者的骸骨被發現時，科學家們都感到疑惑，究竟恐爪龍是否跟推斷所言，是冷血而移動緩慢的爬蟲類，還是迅速而靈敏的温血動物。

速度型的恐龍在追捕其他恐龍時，或是在逃避被獵殺時，都會用尾巴來平衡身體。

Dilong
帝龍

英文讀音： dye-long
名字的意思： 皇帝蜥蝪

帝龍的大小與火雞相若，牠的化石是在中國被發現的。牠們長有原始羽毛，主要作用是保暖和吸引異性。雖然帝龍不懂**飛翔**，但牠們速度快，又擁有利齒，對跟牠們一同住在森林裏的小動物而言，是一種極大的威脅。

帝龍是最早被發現和具證據顯示長有羽毛的恐龍之一。

雙脊龍生活在約2億年前，是最大的肉食獸之一。

雙脊龍身上和頭冠上的斑紋是相配襯的。

恐龍爪的表面都有一層角蛋白，跟我們指甲上的物質一樣。

Dilophosaurus
雙脊龍

英文讀音： dye-LO-foh-SAW-russ
名字的意思： 雙冠蜥蜴

雙脊龍是肉食性獸腳類恐龍，牠們有兩塊又長又圓的頭冠，在頭骨頂的前端伸展至末端。一排排既大且鋒利的牙齒，令牠們成為兇猛的捕食者。

埃德蒙頓龍

異特龍

北美洲

重爪龍

豪勇龍

食肉牛龍

南美洲

阿根廷龍

趣味小百科

恐龍出沒地圖

中生代時，地球比現在暖和潮濕，恐龍可以在各大陸地上生活。即使是今天冰天雪地的南極洲，也曾發現恐龍骨，證明恐龍可以在地球上各處生存，更可見牠們的適應能力是多麼強！

南美洲

食肉牛龍出現在約7,000萬年前的南美洲。至於在阿根廷發現的阿根廷龍，出現在地球的時間大概始於9,500萬年前。

歐洲

人們在英格蘭曾發現已有1億2,500萬年歷史的重爪龍骸骨。在1億5,000萬年前，法國已有美頜龍的行蹤。

亞洲

原角龍和偷蛋龍同時出現在大約7,500萬年前的蒙古。

歐洲

美頜龍

偷蛋龍　原角龍

亞洲

澳洲

在1963年，於澳洲的昆士蘭省，首次發掘出木他龍的骸骨。

棘龍

非洲

木他龍

非洲

1965年，在尼日共和國首度發現豪勇龍的遺骸；而在約1億年前的埃及，已有棘龍的蹤影。

澳洲

南極洲

冰脊龍是最先在南極洲被發現的獸腳類恐龍。

冰脊龍

南極洲

面對攻擊時，梁龍會揮動尾巴，就如使用大鞭子一樣，來保護幼小恐龍。

Dimetrodon
異齒龍

英文讀音：dye-MEET-ridon
名字的意思：兩種尺寸的牙齒

異齒龍是在二疊紀期間出現，近似哺乳類動物，離真爬行類動物較遠，出現時間比恐龍還要早呢！異齒龍有兩種不同尺寸的牙齒，背後巨大的背帆（sail）是牠們特徵之一。牠們是優秀的捕獵者，也是最廣為人知的絕種（extinct）動物之一。

不列入
恐龍類別

異齒龍的背帆具展示作用，或會用來求偶和嚇唬敵人。

異齒龍有兩隻巨型的犬齒，以及兩排較小但極其鋒利的牙齒。

猴謎樹（南洋杉）。

梁龍的腿就像一根根又大又重的柱子一樣。

Diplodocus
梁龍

英文讀音：di-pla-DOKE-uss
名字的意思：一雙橫樑

梁龍是身形最大，同時又最著名的恐龍之一。這種蜥腳類恐龍有與別不同的短樁狀牙齒，而鞭子狀的長尾可用作防禦食肉獸（如異特龍等）的襲擊。

雖然牠們有長長的脖子，但並非所有蜥腳類恐龍都會吃樹頂上的葉子。

Dimorphodon
雙型齒翼龍

英文讀音：dye-MOR-foh-don
名字的意思：兩類型的牙齒

這種翼龍有一個大大的頭，雙顎內有兩種不同類型的牙齒。牠們除了能夠飛行，還能攀爬，就像松鼠般。

翼龍的翼膜由身體兩側，伸展至牠們長長的「無名指」（第四指）。

翼龍的上顎有又長又尖的牙齒，而下顎的牙齒則較細小。

不列入恐龍類別

梁龍的嘴巴雖然細
小，但體形龐大，
牠每天需要吃大量
食物維生。

所有恐龍的腳都長在
身體的正下方，絕不
像鱷魚的腳那樣，長
在身體的兩側。

魏立松蘇鐵有粗
粗的樹幹和蕨類
植物狀的葉。

橡樹龍的骸骨曾
於美國西部被發
掘出來。

Dryosaurus
橡樹龍

英文讀音：DRY-oh-SAW-russ
名字的意思：橡樹蜥蜴

橡樹龍是侏羅紀時期的中型鳥腳類恐龍，這
種草食性恐龍有強壯的腳，能飛快奔走。牠
們愛在河邊稱為「沖積平原」的平闊地方吃
草，那裏土地肥沃，生機蓬勃，長滿青蔥的
植物。

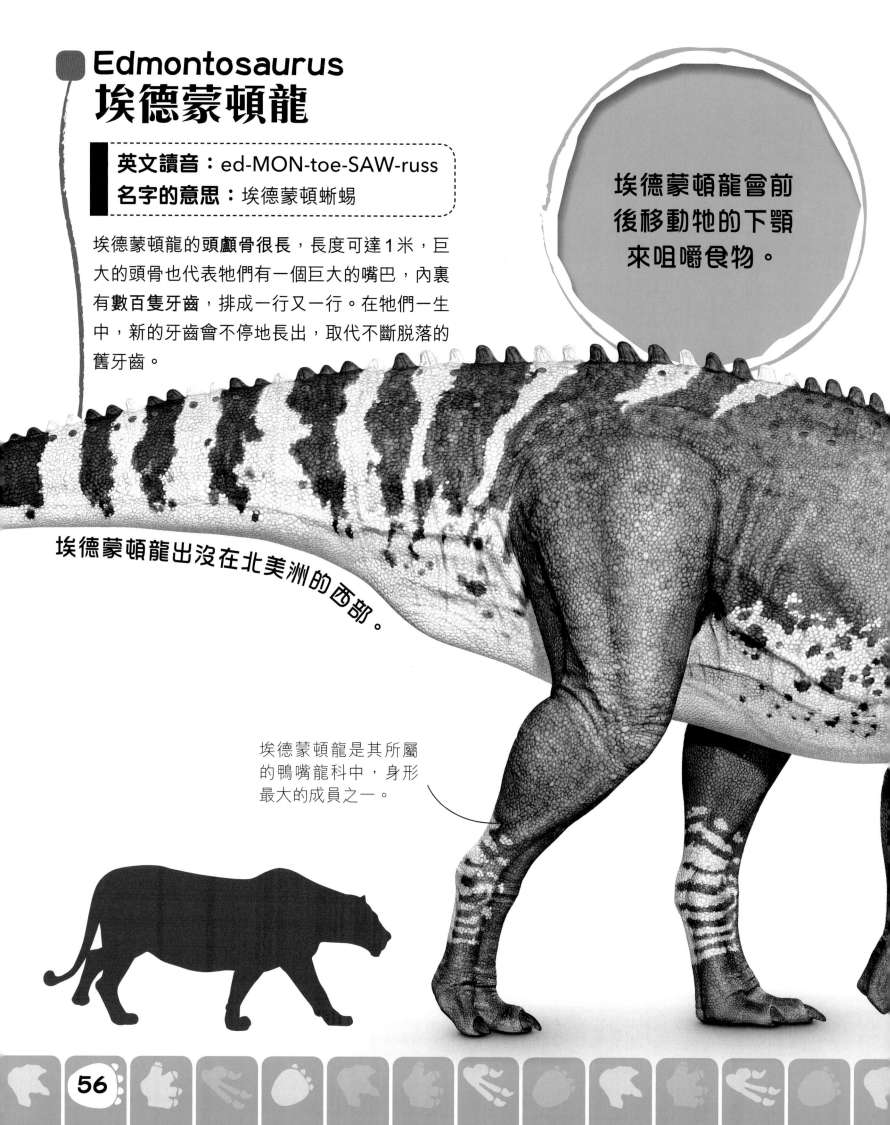

Edmontosaurus
埃德蒙頓龍

英文讀音：ed-MON-toe-SAW-russ
名字的意思：埃德蒙頓蜥蜴

埃德蒙頓龍的**頭顱骨**很長，長度可達1米，巨大的頭骨也代表牠們有一個巨大的嘴巴，內裏有**數百隻牙齒**，排成一行又一行。在牠們一生中，新的牙齒會不停地長出，取代不斷脫落的舊牙齒。

埃德蒙頓龍會前後移動牠的下顎來咀嚼食物。

埃德蒙頓龍出沒在北美洲的西部。

埃德蒙頓龍是其所屬的鴨嘴龍科中，身形最大的成員之一。

巴西松

如果動物的雙眼是朝兩側生長的話，那牠們很可能就是草食性動物了。

Eryops
引螈

英文讀音：ear-ee-ops
名字的意思：拉長的臉孔

引螈看似是一隻肥大遲緩的兩棲類動物，但事實上牠們是十分可怕的！牠有大大的頭顱，又長又有力的雙顎。動物一旦被牠們擒住，恐怕是九死一生了。

不列入恐龍類別

引螈的四肢從身體兩側伸出，明顯不是恐龍類別。

以植物為食糧的甲龍科恐龍擁有一身鎧甲，受到非常好的保護，就像是陸上行走的坦克一樣！

銀杏

包頭龍用力揮動尾槌時，能夠打斷其他恐龍的骨頭。

Euoplocephalus
包頭龍

英文讀音：YOU-oh-plo-sef-a-luss
名字的意思：裝甲完備的頭部

白堊紀晚期，生活在北美洲的包頭龍，擁有**矮小又壯碩的身軀**，尖角喙嘴有助牠們拔出植物。包頭龍的尾部有兩個像保齡球大小的尾槌，讓牠能夠在肉食性恐龍（如：蛇髮女怪龍）前保護自己。

包頭龍全身都被骨板和尖刺保護。

似鳥龍類的恐龍，例如似雞龍，很可能是行動最迅速的恐龍之一。

Gallimimus
似雞龍

英文讀音：gal-i-MY-mus
名字的意思：雞的模仿者

似雞龍是其中一種體形巨大的似鳥龍類恐龍，稱為「鳥類的模仿者」。

似雞龍滿身羽毛，屬於獸腳類恐龍。牠們沒有牙齒，會吞下石頭（又稱為胃石，gastrolith）來磨碎植物，幫助消化。雖然肚子裏盡是石頭，但似雞龍是行動最快速的恐龍之一，快跑速度甚至能高達每小時65公里！

長頸巨龍的股骨
長2.5米！

蕨類植物的化石在阿
根廷和澳洲被發現。

Giganotosaurus
南方巨獸龍

英文讀音：jig-a-not-o-SAW-russ
名字的意思：巨大的蜥蝪

這種體形龐大的獸腳類恐龍，可能比暴龍還要重。牠們的跑速可達每小時32公里！

部分恐龍的尖刺由頸部伸延至背部。

南方巨獸龍是其中一種擁有最大頭顱骨的陸上生物。

南方巨獸龍是肉食性的，強而有力的大爪可以捕捉獵物，甚至捕食同樣擁有龐大身軀的蜥腳類恐龍。

Gigantoraptor
巨盜龍

英文讀音：JIG-an-toe-rap-tor
名字的意思：巨大的掠奪者

巨盜龍比兩個正常成年人的平均高度加起來還要高，恐龍蛋的大小跟一個欖球相若。這種可怕的肉食性動物的後肢能讓牠們奔跑神速。此外，巨盜龍還擁有一個沒有牙齒的大喙，以體形較小的恐龍為食物。

中生代時期，地球越來越溫暖，有助植物生長，令各種植物長得又高又大。

巨盜龍外形就像一隻巨大的雞隻，會吃植物和小動物。

牠們的腳部跟鴯鶓的十分相似。

透過研究恐龍的牙齒，科學家可以知道牠們選擇進食的植物種類。

恐龍的大小和外形差距可以很大，由細如雀鳥，以至大得可以成為陸上最龐大的動物！

堅硬有力的喙能夠刺穿或捕捉獵物。

Giraffatitan 長頸巨龍

英文讀音：juh-RAF-ah-TIE-tan
名字的意思：巨型長頸鹿

人們一直相信這種貌似長頸鹿的巨龍，是體形最大的蜥腳類恐龍。牠們是草食性動物，約有一棟兩層的建築物般高，腳趾長有爪，身長更可超過20米。每天，長頸巨龍需要進食約180公斤的食物才能維持生命。

本內蘇鐵目的樹幹長得像個矮小的木桶，頂部長着冠叢般的樹葉。

銀杏樹的葉子散發着強烈的味道，吸引恐龍來吃。

Hadrosaurus
鴨嘴龍

英文讀音：had-ro-SAW-russ
名字的意思：壯碩的蜥蜴

鴨嘴龍是草食性恐龍，嘴裏有數百顆牙齒用來磨碎食物。鴨嘴龍是**第一種在北美洲被發現的恐龍**，也是第一個被架設起來的恐龍化石模型，而且在博物館展出。

鴨嘴龍大部分的頭頂上都有美麗精緻的冠飾和頭冠。

所有鴨嘴類恐龍都有喙狀嘴巴。

Herrerasaurus
艾雷拉龍

英文讀音： heh-RARE-ra-SAW-russ
名字的意思： 艾雷拉的蜥蜴

牠們是地球上最早期出現的恐龍之一，不但跑得快，而且是擁有有力的爪子和尖利牙齒的肉食性恐龍。與某些體形龐大的獸腳類近親比較時，牠們顯得**相當矮小**。

艾雷拉龍的下顎構造特別，能夠前後滑動，確保可以緊緊地鎖着口中的獵物，讓牠們無法逃脱！

短小的大腿和長長的腳掌組成強壯的後肢，令艾雷拉龍成為快跑好手！

Rhamphorhynchus 喙嘴翼龍
（英文讀音：ram-fo-ring-kus）

Dimorphodon 雙型齒翼龍
（英文讀音：dye-MORF-o-don）

趣味小百科

飛翔的爬行動物

中生代時期，會飛翔的爬行動物——翼龍，是空中的統治者！
牠們不但能在地上潛行，還會爬樹尋找獵物！翼龍之中，有像
老鼠一樣大小的品種，也有體形比長頸鹿還要大的！雖然牠們
擁有恐龍的某些特徵，例如同樣是會下蛋的爬行類，但翼龍並
不是恐龍的一種啊！

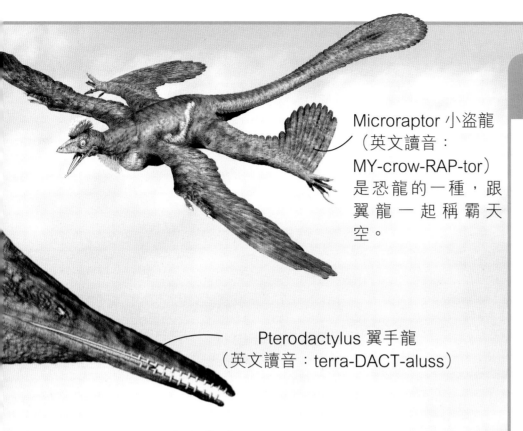

Microraptor 小盜龍
（英文讀音：
MY-crow-RAP-tor）
是恐龍的一種，跟
翼龍一起稱霸天
空。

Pterodactylus 翼手龍
（英文讀音：terra-DACT-aluss）

翼龍是第一種
能夠飛翔的脊椎
動物（擁有脊骨
的動物）。

翼龍的食物

翼龍會在海、陸、空尋找食物，這
種奇妙的飛行強者對食物從不揀
擇，牠們會吃的食物包括：

- ☑ 魚類
- ☑ 軟體動物
- ☑ 蟹
- ☑ 昆蟲
- ☑ 動物屍體

Pterodaustro 南翼龍
（英文讀音：terra-DAW-strow）

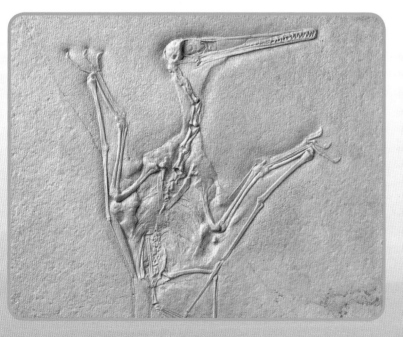

化石遺骸

翼龍的骨頭非常輕，而且是中空
的，讓牠們能夠飛越和滑翔一段
長距離。恐龍專家最初以為翼龍
是海洋生物，會把雙翼當作潛水
或游泳的鰭狀肢體。

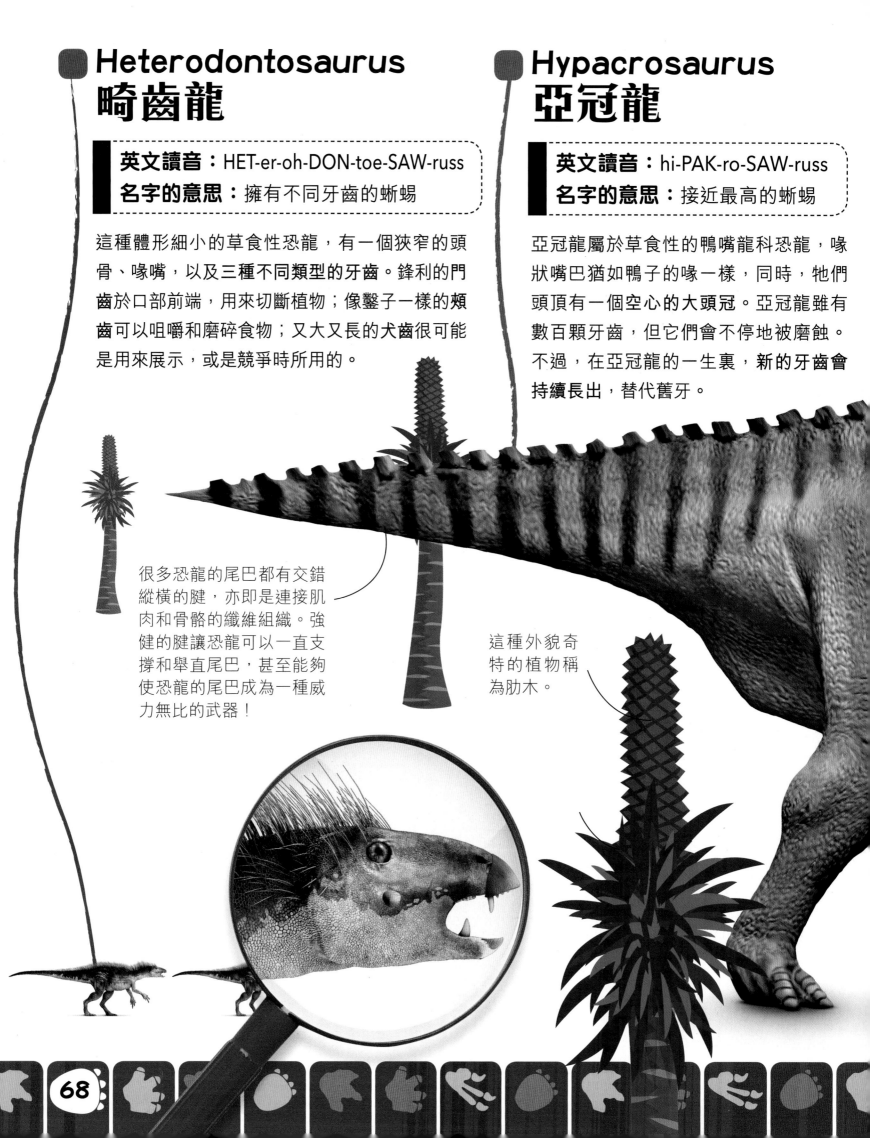

Heterodontosaurus
畸齒龍

英文讀音：HET-er-oh-DON-toe-SAW-russ
名字的意思：擁有不同牙齒的蜥蜴

這種體形細小的草食性恐龍，有一個狹窄的頭骨、喙嘴，以及三種不同類型的牙齒。鋒利的門齒於口部前端，用來切斷植物；像鑿子一樣的頰齒可以咀嚼和磨碎食物；又大又長的犬齒很可能是用來展示，或是競爭時所用的。

Hypacrosaurus
亞冠龍

英文讀音：hi-PAK-ro-SAW-russ
名字的意思：接近最高的蜥蜴

亞冠龍屬於草食性的鴨嘴龍科恐龍，喙狀嘴巴猶如鴨子的喙一樣，同時，牠們頭頂有一個空心的大頭冠。亞冠龍雖有數百顆牙齒，但它們會不停地被磨蝕。不過，在亞冠龍的一生裏，新的牙齒會持續長出，替代舊牙。

很多恐龍的尾巴都有交錯縱橫的腱，亦即是連接肌肉和骨骼的纖維組織。強健的腱讓恐龍可以一直支撐和舉直尾巴，甚至能夠使恐龍的尾巴成為一種威力無比的武器！

這種外貌奇特的植物稱為肋木。

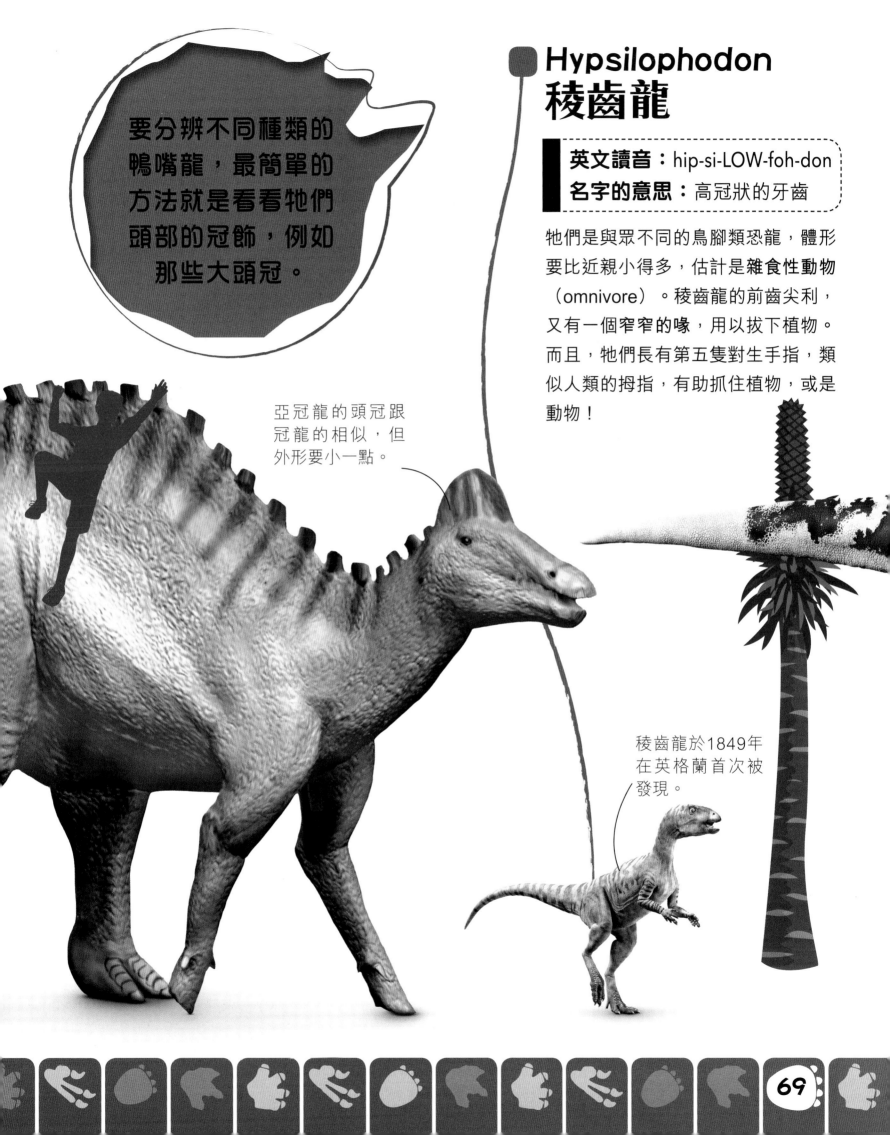

要分辨不同種類的鴨嘴龍，最簡單的方法就是看看牠們頭部的冠飾，例如那些大頭冠。

Hypsilophodon
稜齒龍

英文讀音： hip-si-LOW-foh-don
名字的意思： 高冠狀的牙齒

牠們是與眾不同的鳥腳類恐龍，體形要比近親小得多，估計是**雜食性動物**（omnivore）。稜齒龍的前齒尖利，又有一個窄窄的喙，用以拔下植物。而且，牠們長有第五隻對生手指，類似人類的拇指，有助抓住植物，或是動物！

亞冠龍的頭冠跟冠龍的相似，但外形要小一點。

稜齒龍於1849年在英格蘭首次被發現。

銀杏樹

Iguanodon
禽龍

英文讀音：ig-wahn-oh-don
名字的意思：美洲鬣蜥的牙齒

科學家曾認為這種草食性恐龍的鼻上長有尖刺，但在**更多的化石發掘出來以後**，他們才知道禽龍有一個像鴨喙的嘴巴，那些尖刺並非長在臉部，而是牠們**拇指的尖爪**（thumb spike）！

禽龍於1822年被發現，是第一種被發現的草食性恐龍！

歐洲各地都曾發掘到禽龍羣的化石。

恐龍專家一直未能確定禽龍拇指上的尖爪是用來防衛，還是用以協助進食的。

Irritator
激龍

英文讀音：IH-ri-tay-tah
名字的意思：形容古生物學家激動的
心情而命名

牠們是**棘龍**的近親，體形較小，但同樣非常
兇猛！窄長的雙顎，一排排尖利且呈圓錐形
的牙齒，令激龍成為優秀的捕獵者，牠們會
花很多時間在水中**捕食魚類**或其他小動物。
激龍的骸骨在現今的**巴西**被發現。

激龍的口和鼻與短
吻鱷相似，專家相
信牠們大部分時間
會在河流、湖泊和
溪流捕獵。

又長又彎的尖爪
能幫助激龍抓住
魚類。

不是所有恐龍都
生活在同一時期，
即使在相同時間出
現，牠們也未必
會相遇。

恐龍研究

古生物學（paleontology）是一門研究古生物的科學，包括恐龍和化石。要成為古生物學家，你必須有耐性又勤奮，最重要的是，你要有一顆好奇的心！由於你研究的生物已經不存在了，所以你要把數百萬年以前的線索和證據，像玩砌圖一樣拼合起來。

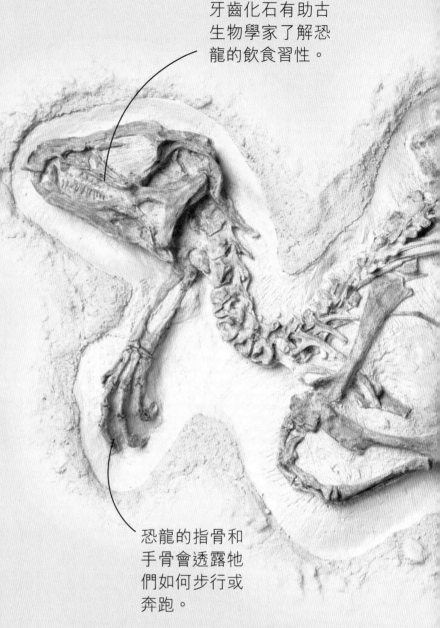

牙齒化石有助古生物學家了解恐龍的飲食習性。

恐龍的指骨和手骨會透露牠們如何步行或奔跑。

古生物學

今時今日，古生物學為何那麼重要呢？原來，透過研究骨頭、腳印、蛋的化石，我們能夠認識古時生物的狀況和生活環境，幫助我們更深入了解現今的世界，或是將來有可能面對的變化。

拼合恐龍骨架

要找到一副完整的恐龍骨骼是十分困難的！古生物學家時常利用同類動物骨骼的相同位置，來填補恐龍骸骨缺少了的部分。體形較小的恐龍，比較容易找到完整的骸骨化石。有時候，皮膚組織和羽毛都會殘留在化石中。

發掘工具

古生物學家負責發掘恐龍化石，但這只是其中的一項工作。他們大部分時間都放在寫作、研究，或是跟其他科學家一起探索。事實上，他們使用電腦就跟用槌子一樣平常。

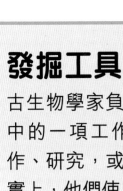

古生物學家會使用一些小工具，小心謹慎地鑿走化石周邊的石頭。

木槌可以移除大塊岩石，讓古生物學家更容易將化石掘出。

柔軟幼細的工具如畫筆等，可以掃走泥土和碎石。

折斷或重新癒合的尾骨，很可能是恐龍受攻擊時逃走的證據。

腳骨常常留有裂痕和損傷，告訴我們動物的生活是多麼艱苦的啊！

化石就像把某段時間靜止，把一切痕跡留住，留待像你一樣的科學家去發現它們！

骨頭

我們研究的「骨頭」其實已不再是骨頭了！隨年月流逝，泥土中的礦物質和地下水，會滲透骨骼，將其硬化，變成堅硬的石頭。

化石能讓我們拼湊出動物的外貌，上面的一幅大圖是一條畸齒龍的化石，科學家推斷出牠的模樣，就如左方這幅小圖上的一樣。

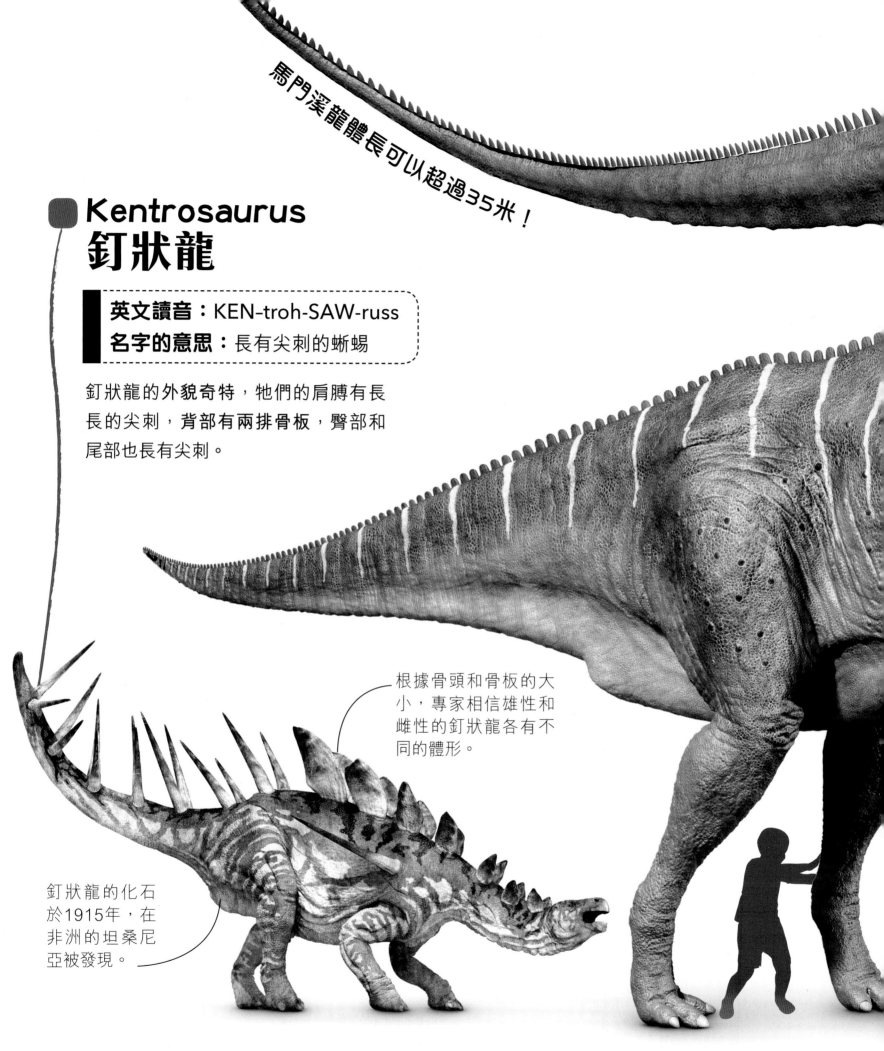

Kentrosaurus
釘狀龍

英文讀音：KEN-troh-SAW-russ
名字的意思：長有尖刺的蜥蜴

釘狀龍的外貌奇特，牠們的肩膊有長長的尖刺，背部有兩排骨板，臀部和尾部也長有尖刺。

根據骨頭和骨板的大小，專家相信雄性和雌性的釘狀龍各有不同的體形。

釘狀龍的化石於1915年，在非洲的坦桑尼亞被發現。

賴氏龍的高度能夠吃到南洋杉上的葉子。

賴氏龍長有獨一無二的頭冠，呈斧狀，一個大頭冠的後方有一個小頭冠。

Lambeosaurus
賴氏龍

英文讀音：LAM-bee-oh-SAW-russ
名字的意思：蘭伯的蜥蜴

這種巨型的草食性鴨嘴龍科恐龍於北美洲的西部生活，一直到白堊紀時期結束。就像牠們的近親冠龍一樣，牠們頭頂的**骨骼構造奇特**。此外，賴氏龍能夠用兩腳或四腳行走。

馬門溪龍的胸腹部分
超過 4 米長，在所有
恐龍之中，牠們的肋
骨是最巨型的！

中生代時期大
部分出現過的植
物，現時都已經
絕種了。

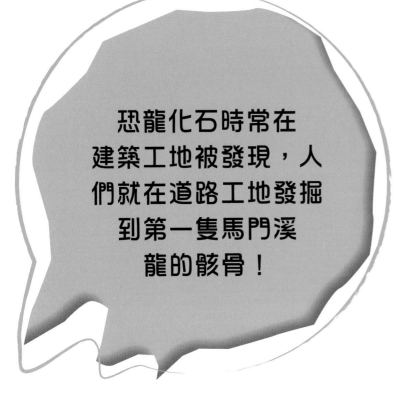

恐龍化石時常在建築工地被發現，人們就在道路工地發掘到第一隻馬門溪龍的骸骨！

Maiasaura
慈母龍

英文讀音：my-a-SAW-ra
名字的意思：好媽媽蜥蜴

專家研究了很多保留完好的化石，發現慈母龍會**集體行動**或遠行，而且數量龐大。牠們會一起下蛋，並會聚集照顧幼小的龍寶寶。慈母龍是草食性動物，利用扁平的**喙嘴**拔出植物。

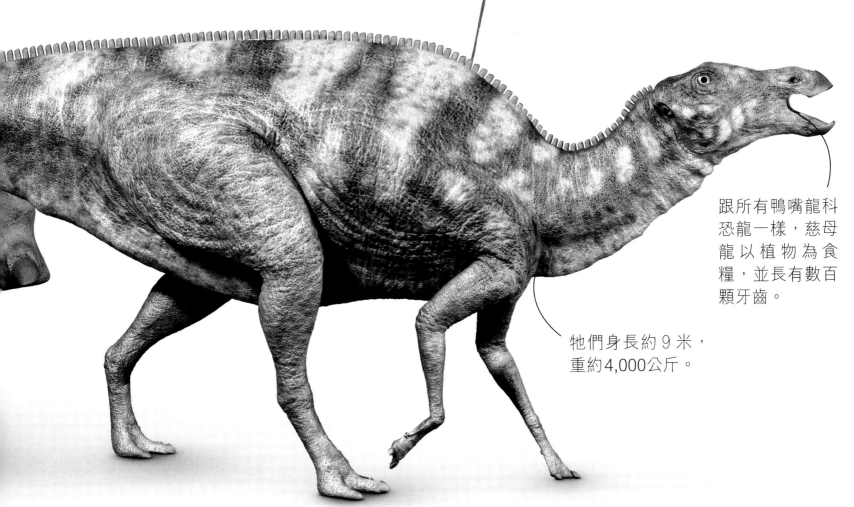

跟所有鴨嘴龍科恐龍一樣，慈母龍以植物為食糧，並長有數百顆牙齒。

牠們身長約 9 米，重約 4,000 公斤。

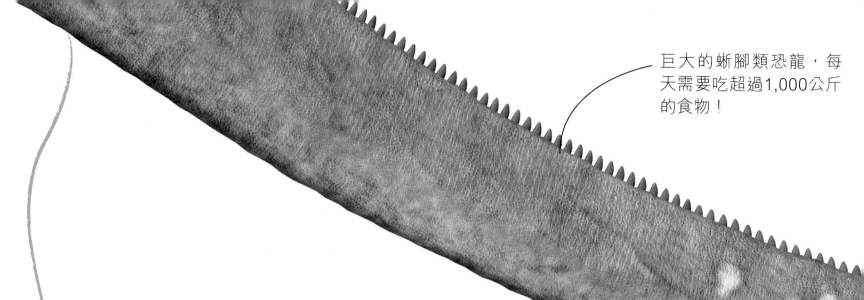

巨大的蜥腳類恐龍，每天需要吃超過1,000公斤的食物！

Mamenchisaurus
馬門溪龍

> **英文讀音：** mah-MEN-chee-SAW-russ
> **名字的意思：** 馬門溪蜥蜴

馬門溪龍生活在**侏羅紀晚期**的中國，牠們的脖子長得不可思議，可以伸展至 9 米長！這種蜥腳類恐龍的總身高可達35米，重約50,000公斤。

魏立松蘇鐵在侏羅紀時期遍滿各地。

Masiakasaurus
惡龍

> **英文讀音：** MA-she-ka-SAW-russ
> **名字的意思：** 邪惡的蜥蜴

牠們的體形並不巨大，但奇特的牙齒組合令惡龍為人熟悉。惡龍前端的牙齒並非垂直生長，而是伸出嘴巴之外，能夠幫助牠們捕捉小動物。

惡龍長約 2 米，生活在馬達加斯加。

小盜龍的尾巴和後腳有長長的羽毛，有助牠們在樹木之間穿梭。

小盜龍是肉食性恐龍，分別用兩種鋸齒狀的牙齒捕獵和進食。

Microraptor
小盜龍

英文讀音：MY-crow-RAP-tor

名字的意思：細小的盜賊或扒手

體形細小的小盜龍是**長滿羽毛**的肉食性恐龍。雖然專家發掘到不少小盜龍的化石，但仍然未能確定牠們慣常是滑翔，或是能夠以雙翼起飛，甚至在空中飛行。

透過研究小盜龍，科學家能了解現今的雀鳥跟牠們史前時期的祖先之間的關係。

蕨類植物

巴拉那松

Muttaburrasaurus
木他龍

英文讀音： mutt-ah-bur-ah-SAW-russ
名字的意思： 來自木他布拉的蜥蜴

木他龍是少數在**澳洲**發現的恐龍種類，牠們以植物為食糧，牙齒如剪刀，可以**切割**植物。至今，科學家仍然不確定牠們是以**兩腳**或是**四腳**行走。

木他龍凸起的鼻腔部分，估計是用來發出特殊的聲音，吸引異性。

像三角龍一樣，木他龍的牙齒是用來切斷植物，而非咀嚼磨碎食物。

大型恐龍的完整駭骨是十分罕有的！科學家一般會加入其他恐龍的骨頭，拼合成完整的恐龍骨架。

Neovenator
新獵龍

英文讀音：nee-o-VEN-a-tor
名字的意思：新獵人

於英格蘭南部被發現的新獵龍，是最著名的**歐洲獸腳類**恐龍。牠們身型巨大，行動迅速，而且是擁有尖牙和良好視力的肉食性恐龍，稱得上是**最厲害的捕獵者**！

科學家要花上好幾年時間，才能鑑定發掘到的恐龍化石，是新品種還是屬於已知的種類。

新獵龍重約1,000公斤。

擬蘇鐵屬植物的樣子類似今天棕櫚樹。

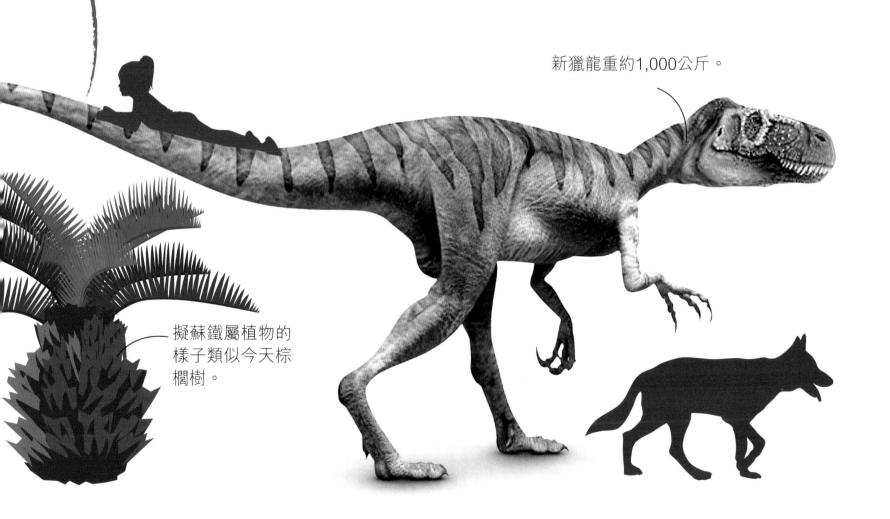

尼日龍進食時，就像一部割草機，脖子前後掃動，把沿路的植物拔出來放到嘴裏。

銀杏樹

Nigersaurus
尼日龍

英文讀音： nee-jur-SAW-russ
名字的意思： 尼日蜥蜴

尼日龍是一種小型的**蜥腳類**恐龍，生活在現今位於非洲的尼日共和國，這亦是牠們名字的由來。這種恐龍最獨特的構造是那扁平、直邊的口鼻部分，一排長直的牙齒橫跨嘴巴的前端。

又闊又平坦的嘴巴長有超過500顆牙齒！不過，牙齒每兩周左右便會更換一次了。

尼日龍生活在1億1,000萬年前，身長約9米。

變成化石的羽毛能幫助人類考證部分恐龍身上的顏色。

Ornitholestes
嗜鳥龍

英文讀音： or-NITH-oh-less-tees
名字的意思： 強盜鳥類

嗜鳥龍是中型的**獸腳類**恐龍，長着圓錐型的牙齒，擁有短小但強壯的手臂。牠們是快跑好手，具極佳視力，是可怕的**肉食性恐龍**，估計會捕獵早期的鳥類為食物。嗜鳥龍本身可能長有羽毛呢！

嗜鳥龍擁有獸腳類恐龍典型的S型脖子。

深海生物

幾百萬年前，史前海洋裏住滿了會游泳的爬行動物，其中包括巨齒鯊，牠們的體形像一輛巴士那麼大。在這些非比尋常的深海爬行動物（ocean reptile）身邊，也有一些較小的海洋生物，如水母、魷魚等，牠們今天仍然存在。

● Mosasaurus
滄龍

英文讀音： moe-za-SAW-russ
名字的意思： 默茲河的蜥蜴

巨型的滄龍擁有巨大而尖利的牙齒，加上一條強而有力的尾巴，使牠們成為兇猛的海洋獵人。牠們在歐洲的默茲河首先被發現，因此又稱為「默茲河的蜥蜴」。

滄龍的顎骨像蛇的顎骨一樣，可以伸展，讓牠們可以把很大的獵物整隻吞下。

海龜在白堊紀中期首次被發現，距今約1億5,500萬年前。

水母遍布海洋的每一個角落，牠們已生活了超過5億年。

滄龍的身長約
18米。

魷魚是常見的史前海洋爬行動物的獵物。不過,直至今日仍有超過300種魷魚在世界各地的海洋裏生活着。

Ichthyosaurus
魚龍

英文讀音: Ick-thee-oh-SAW-russ
名字的意思:魚的蜥蜴

這種海洋爬行動物的外貌像海豚。牠們有長而尖的口鼻,而且長有約150顆牙齒。

Elasmosaurus
薄板龍

英文讀音: El-lazz-mo-SAW-russ
名字的意思:薄板蜥蜴

這種海洋爬行動物擁有一條長長的脖子,讓牠們可以在水面抬起頭。

Megalodon
巨齒鯊

英文讀音:me-GAL-oh-don
名字的意思:巨大的牙齒

巨齒鯊是有史以來最大的鯊魚。牠們在許多早期海洋爬行動物消失之後,又生活了幾百萬年。這種海洋巨物的胃口非常大,會吞食那些不幸游近牠們的生物。

厚皮動物意思是指「有厚皮膚的」動物，大象便是其中一個例子。

紅杉

Pachycephalosaurus
厚頭龍

英文讀音：pak-ee-se-falloh-SAW-russ
名字的意思：有厚頭的蜥蜴

科學家從前相信這種草食性恐龍利用牠們圓頂形頭冠，用頭碰頭的方式進行競爭，以獲取異性的歡心，就像今日的公羊一樣。現在科學家也相信厚頭龍是會利用頭部撞向同類的兩旁或側面，或者抵擋捕食者。

厚頭龍的身長約4.5米，體重約450公斤。

厚頭龍生活在白堊紀晚期，直至所有恐龍被滅絕。

Pachyrhinosaurus
厚鼻龍

英文讀音：pak-ee-ry-no-SAW-russ
名字的意思：有厚鼻的蜥蜴

厚鼻龍屬於一羣被稱為角龍類草食性有喙恐龍。牠們的遺骸只在較冷的地方，如阿拉斯加和加拿大被發現。這種草食性恐龍的鼻上長有一個巨大的隆起物，而且頭部長有大頭盾。

大頭盾可以加強厚鼻龍的自我保護能力。

厚鼻龍的骨架被發現遍布於整個北美洲西部。

鼻上的隆起物

像所有角龍一樣，草食性的厚鼻龍長有鸚鵡般的喙。

魏立松蘇鐵

一些大型的恐龍擁有中空的骨骼，所以，牠們沒有你想像中那麼笨重呢！

Parasaurolophus
副櫛龍

英文讀音：para-saw-roh-LOAF-uss
名字的意思：幾乎有冠飾的蜥蜴

副櫛龍的頭冠其實是一個長長的鼻腔，用作製造大大的聲浪，就如一個擴音器。我們不能確定副櫛龍發出的聲音是怎樣的，但牠們的呼叫聲應該可以傳送到很遠的距離。

副櫛龍的皮膚被小小的、圓圓的鱗片覆蓋着。

副櫛龍的頭冠可以
生長至1米長。

科學家對鳥類、蜥蜴和
鱷魚進行研究，目的是想看
看恐龍的行為習性是怎樣的。

Pelecanimimus
似鵜鶘龍

英文讀音： pela-kan-i-MIME-mus
名字的意思： 鵜鶘的模仿者

一種體形細小的恐龍，全身覆蓋着羽毛。似鵜鶘龍很特別，因為牠們擁有牙齒，而大部分鳥類模仿者則只有喙部。這種恐龍能待在淺水中，等候魚類游過，然後捕食牠們，就像現今的鶴一樣。

似鵜鶘龍的長脖子
讓牠們能伸入深水
中捕捉食物。

現今的鳥類是由獸腳類恐龍進化而成的，但這些古老的親屬並沒有喙，只有D鼻。

銀杏樹

Phorusrhacos
恐鶴

> **英文讀音：** for-us-RAH-kos
> **名字的意思：** 雙顎

恐鶴是一種體形巨大、不能飛行的雀鳥，但牠們可能比野馬跑得還要快！這種兇殘的肉食性捕獵者又稱為「恐怖的鳥」。牠們利用巨大的喙部來捕捉小型獵物，以及嚇走競爭者。這種鳥類屬於恐龍的一個亞羣。

肋木是沒有分枝的。

恐鶴又尖又銳利的喙部是非常有用的工具，可以用來捕獵小型動物，以及啄走任何目標獵物。

擁有令人難以置信的長腿，連跑得最快的獵物也不是這肉食獸的對手。

板龍是原蜥腳類（prosauropod）恐龍，意思是「在蜥腳類恐龍之前」的動物，牠們也是最早期被發現的恐龍之一。

與大部分的近親相比，板龍擁有一條十分靈活的脖子，讓牠們可以輕鬆吃到各種植物。

普遍相信，板龍能活到25歲。

Plateosaurus
板龍

英文讀音： platee-oh-SAW-russ
名字的意思： 平坦表面的蜥蜴

人們能夠發現很多板龍的遺骸。成年板龍的身長介乎5至10米，體重介乎600至4,000公斤。這種草食性恐龍用兩隻後肢站起來，並利用牠們強大的手臂和手爪進食。

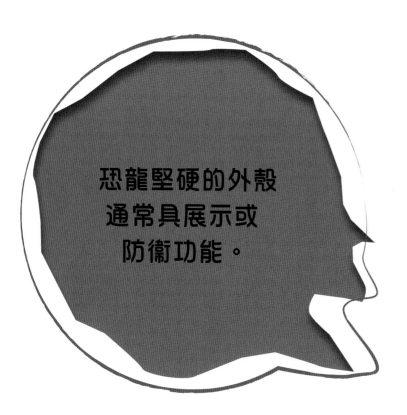

恐龍堅硬的外殼通常具展示或防衛功能。

Prestosuchus
迅猛鱷

英文讀音：presto-sou-cus
名字的意思：普雷斯托的鱷魚

迅猛鱷看上去就像一頭恐龍，但其實牠與今日的鱷魚關係更密切！牠們的股骨（腿部的骨）緊貼着盆骨（臀部的骨），亦即是牠們臀部的形狀與恐龍有很大的差異，恐龍的股骨與盆骨是由球窩關節連接起來的。

Prenocephale
傾頭龍

英文讀音：PREN-a-sef-ally
名字的意思：頭部傾斜

目前僅發現到一個傾頭龍的頭顱。傾頭龍屬於厚頭龍目，即使古生物學家已研究過牠們的頭顱和牙齒，卻未能確定這種生活在8,000萬年前的恐龍到底是吃什麼的。

不列入恐龍類別

一頭迅猛鱷的長度可達5米，而且長有很多鋸齒狀的牙齒。

南洋杉，又名猴謎樹，葉堅硬，呈針狀。

在中生代時期已經出現了很多生物，當中包括鯊魚、蛙、哺乳類和昆蟲。

Psittacosaurus
鸚鵡嘴龍

英文讀音：si-tak-ah-SAW-russ
名字的意思：鸚鵡蜥蜴

牠們是其中一種在最早期被發現的角龍科恐龍，體形屬於最小的種類。鸚鵡嘴龍有一個尖銳的喙，**身體被鱗片覆蓋**，背部長有一排長約16厘米的中空的管狀刺毛，一直延伸至尾部。至今人類已發現**近百具**鸚鵡嘴龍的骸骨，所以，牠們可算是一種較為人熟悉的恐龍。

Protoceratops
原角龍

英文讀音：PRO-toe-seh-rah-tops
名字的意思：第一個有角的臉

原角龍生活在約7,300萬年前的中國和蒙古。與牠們的身體比較，頭部非常大，而**頭盾**令它看起來更大！人們曾發現一隻原角龍與**一隻迅猛龍**打架的化石，實在令人驚歎不已！

原角龍的頭部和頭盾會隨着牠們長大而有所改變。

鸚鵡嘴龍臉部兩邊，各有一隻像刺般的尖角。

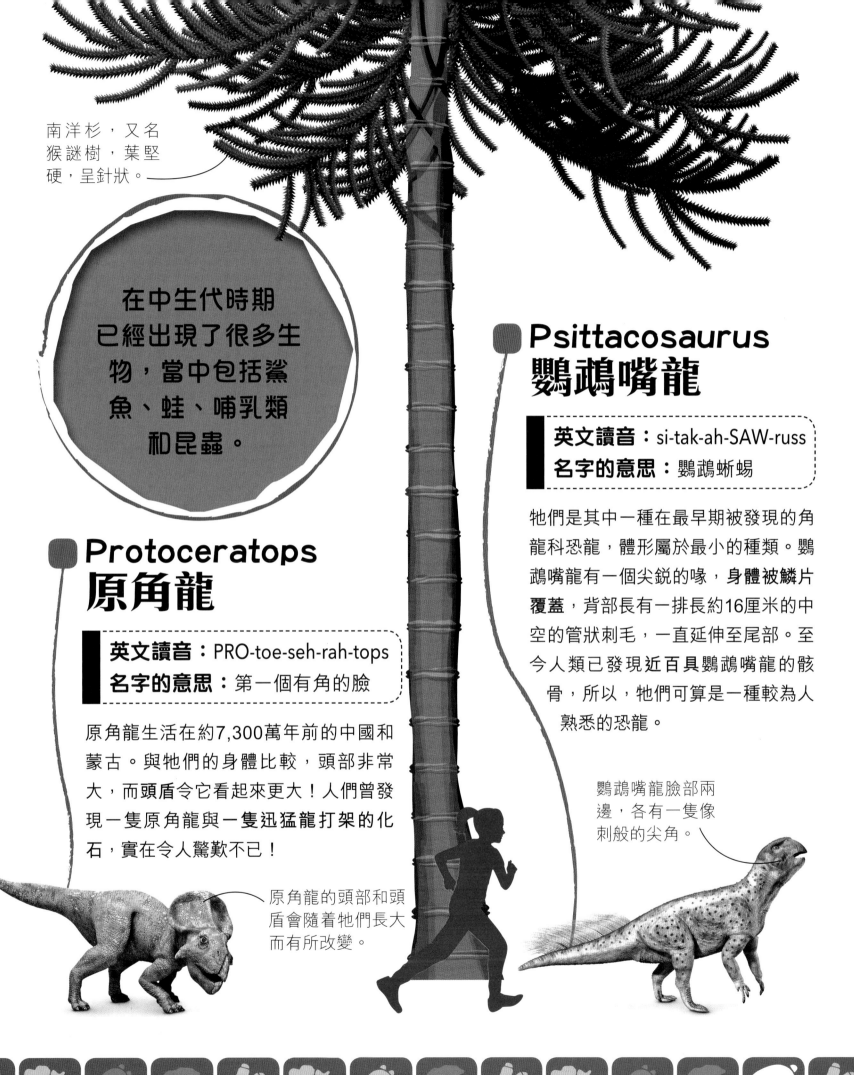

Pteranodon
無齒翼龍

英文讀音：te-RAN-oh-don
名字的意思：沒有牙的翅膀

在白堊紀晚期，無齒翼龍在北美洲上空翱翔。牠們屬於一種會飛行的爬行動物，稱為**翼龍**。無齒翼龍的**翼展**可達6米，即相等於一輛巴士長度的一半。

無齒翼龍擁有完美的翅膀形狀，有助牠們在天空中長距離滑行。

無齒翼龍的骨骼是中空的，而且很幼。由於骨骼輕巧，有助牠們飛行。

無齒翼龍全身覆蓋着一種類似毛的獨特纖維。

會飛行的爬行動物，例如無齒翼龍和翼手龍常常被誤當成是恐龍。事實上，牠們是屬於另一種類的動物，稱為翼龍。

不列入恐龍類別

Pterodactylus
翼手龍

英文讀音：terra-DACT-aluss
名字的意思：有翼的手指

翼手龍在所有翼龍中算是**最著名**的。翼手龍長有頭冠，牠的翼展開約有 1 米闊。牠會從高空俯衝下來，並利用牠呈圓錐形的尖牙捕食魚類和陸上的小動物。

不列入恐龍類別

翼手龍是第一批具有飛行能力的脊椎動物。

趣味小百科
恐龍的飲食

在中生代，恐龍學會了尋找、捕獵和進食各種食物的求生技能，因而能夠生存在地球上。科學家能透過恐龍的發現地和牠們的牙齒，甚至牠們的胃部化石，得知牠們的飲食習性。

異特龍

合桃樹生長於恐龍時代。

不同種類的銀杏樹在世界各地生長，銀杏一直伴隨着恐龍的生活。

草食性

草食性恐龍的數量比其他類型的恐龍多。樹葉、草、苔蘚、種子等為牠們提供能量，使牠們能逃避捕食者。

劍龍

迷惑龍

榛子樹在恐龍時代是很普遍的植物。

恐龍會吃史前蜻蜓，但這種昆蟲也是雜食性的。

肉食性

有些肉食性恐龍的體形比貓兒大不了多少,但有些則比一輛巴士還要大。很多史前動物的化石都顯示了由各種不同體形的肉食性恐龍留下來的牙印。

肉食性恐龍會捕食其他恐龍。有些肉食性恐龍也會吃哺乳類動物、魚類和爬行類動物。

暴龍

雜食性

雜食性恐龍進食植物和肉類。這些愛冒險的恐龍會進食植物、堅果、昆蟲、動物,甚至其他恐龍。雜食性恐龍的數量比草食性恐龍和肉食性恐龍少。

偷蛋龍

似雞龍

不列入恐龍類別

南翼龍的雙翼是由皮膚延伸而成的翼膜，就像現代的蝙蝠一樣。

最大的南翼龍的翼展可達2.5米。

Pterodaustro
南翼龍

英文讀音：terra-DAW-strow

名字的意思：南方的翼

南翼龍有獨一無二的頭部。**牠們頭顱的85%都長在眼睛前方。**這種像雀鳥的生物是屬於會飛行的爬行類動物，稱為翼龍。牠有一個長25厘米向上彎的口鼻部。而牠們嘴裏長着數百顆刷毛狀的牙齒，可能是用來幫助過濾水中的食物。

當風神翼龍直立時，牠們比一隻長頸鹿還要高。

很多會飛行的爬行動物都有一個非常大的喉嚨，幫助牠們吞下大型的獵物。

不列入恐龍類別

Quetzalcoatlus
風神翼龍

英文讀音：ket-zal-KWAT-luss

名字的意思：根據阿茲台克，羽蛇神而命名

風神翼龍是史上最大的會飛行的動物。牠們的翼展可達12米。由於骨骼很輕，而且是中空的，牠們能夠飛行和翱翔很長的距離。

風神翼龍沒有牙齒，很可能需要把整隻獵物吞下。

古生物學家認為風神翼龍的體重達200公斤，大約相當於一頭海豚的重量。

南洋杉，或稱
猴謎樹

波塞東龍是一種巨大的
長頸恐龍，牠的化石出
現的年代約在1億1,000
萬年前的北美洲中部。

Saltasaurus
薩爾塔龍

英文讀音：SALL-ta-SAW-russ
名字的意思：薩爾塔省的蜥蜴

當恐龍專家在南美洲發現薩爾塔龍的時
候，曾以為牠們是甲龍的一種。這是因為
牠們長有骨板，就像保護身體的鎧甲一
樣。薩爾塔龍是有史以來被發現的擁有骨
板的少數長頸恐龍之一。這些骨板稱為皮
內成骨。

薩爾塔龍用牠的
後腳來挖洞，藏
起龍蛋。

薩爾塔龍是體形細小
的蜥腳類恐龍之一，
牠的身長約10米。

蜥腳類恐龍的四腳長在身體的下方，像柱子一樣粗壯，以支撐牠們的體重。

蕨類植物跟現今的品種很相似。

Saurolophus
櫛龍

英文讀音：saw-roh-LOAF-uss
名字的意思：蜥蜴冠飾

櫛龍的頭頂上長有**冠飾**。冠飾由眼睛上方開始，以45度角傾斜，指向頭的後上方，而且**隨着櫛龍的年紀越大，冠飾也會越長越大**。這種草食性恐龍在尋找食物時可以用**兩腳**或**四腳**行走。我們對這種恐龍能有深入了解，因為在北美洲和亞洲發現了不少櫛龍的化石。

像所有鴨嘴龍科恐龍一樣，櫛龍嘴裏長着數百顆牙齒，用來磨碎植物。

櫛龍的身長約10米，體重約1,800公斤。

不同種類的蘇鐵植物（像棕櫚樹的植物）生長在世界上不同的地方。

皮膚印膜化石顯示了櫛龍長有小卵石般的皮膚，像短吻鱷的一樣。

一般相信，蜥腳類恐龍擁有一個高效的呼吸系統。牠們能持續不斷地讓空氣在牠們龐大的身體裏運行。

Sauropelta
蜥結龍

英文讀音：SAW-ra-PELT-ah
名字的意思：蜥蜴甲盾

蜥結龍約在1億800萬年前住在美國西部。牠的背部覆蓋着骨板。牠兩側的骨板是從身體裏凸出來的，形成了大型的防禦性尖狀物。

跟牠的近親甲龍不一樣，蜥結龍沒有尾槌。

蜥結龍的身長約5米，體重約1,400公斤。

蜥結龍的頭顱從上方看是呈三角形的。

銀杏樹

相對身體的大小，波塞東龍是動物界中頭顱最小的動物之一。

Sauroposeidon
波塞東龍

英文讀音：saw-ra-pos-i-den
名字的意思：大地震神之蜥蜴

恐龍專家相信波塞東龍的頭部能觸及18米的高度。這意味着牠們能夠吃到連梁龍也未必觸及到的樹冠，這種稱為「大地震神之蜥蜴」的大型恐龍果然名不虛傳！

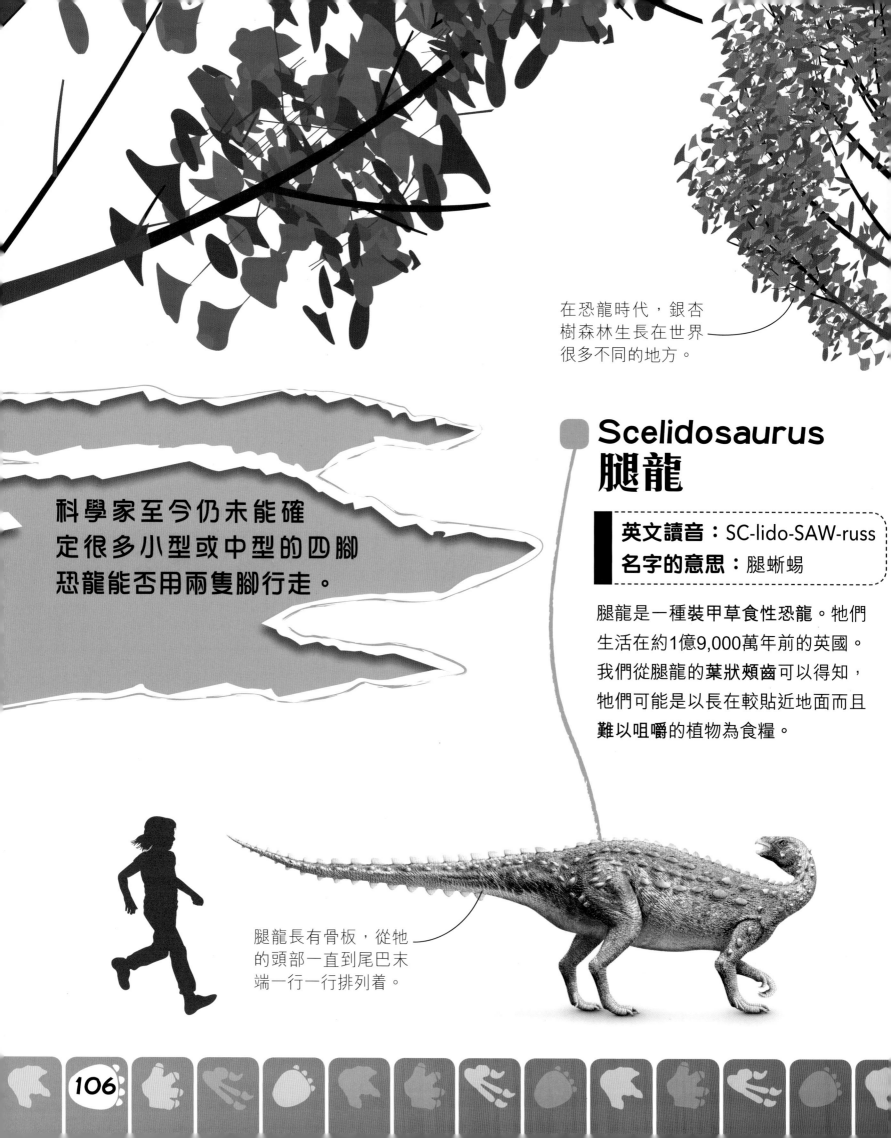

在恐龍時代，銀杏樹森林生長在世界很多不同的地方。

科學家至今仍未能確定很多小型或中型的四腳恐龍能否用兩隻腳行走。

Scelidosaurus
腿龍

英文讀音： SC-lido-SAW-russ
名字的意思： 腿蜥蜴

腿龍是一種裝甲草食性恐龍。牠們生活在約1億9,000萬年前的英國。我們從腿龍的**葉狀頰齒**可以得知，牠們可能是以長在較貼近地面而且**難以咀嚼**的植物為食糧。

腿龍長有骨板，從牠的頭部一直到尾巴末端一行一行排列着。

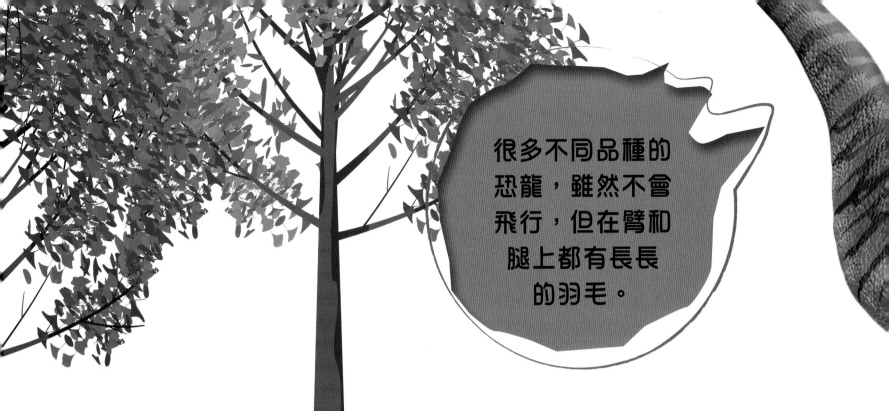

很多不同品種的恐龍，雖然不會飛行，但在臂和腿上都有長長的羽毛。

Scutellosaurus
小盾龍

英文讀音： sc-tella-SAW-russ
名字的意思： 有小盾的蜥蜴

小盾龍是一種非常小型的草食性恐龍，體重只有10公斤。為了加強保護，這種恐龍的背部長有**兩行骨板**。科學家相信小盾龍經常用**兩隻腳站立**，讓自己看起來比較大，也較容易觸到食物。

Sinornithosaurus
中國鳥龍

英文讀音： si-NOR-nith-oh-SAW-russ
名字的意思： 中國的鳥蜥蜴

中國鳥龍是一種體形小、長着羽毛的獸腳類恐龍，生活在約1億2,300萬年前的中國。這種恐龍**全身覆蓋着**羽毛，並可能利用這些羽毛，由一棵樹滑翔到另一棵樹，或從高空俯衝下來掠奪獵物。

中國鳥龍的體重只有約3公斤，即大約相當於一隻小狐狸的大小。

捕食時，棘龍的長尾巴能幫助牠游過水域，到不同的海域覓食。

棘龍的背部長有一個很獨特的帆狀物，在它的中間有一個凹位，令牠看起來很像一頭雙峯駱駝。

Sinosauropteryx
中華龍鳥

英文讀音：SINE-oh-SAW-op-ter-ICKS
名字的意思：中國的有翼蜥蜴

中華龍鳥是美頜龍的近親，而且牠是第一批被發現證實**擁有羽毛但不會飛行**的恐龍之一。牠的遺骸被好好保存着，因此科學家能找出牠的**主要顏色**——深淺不一的棕色。

中華龍鳥的身長約1米，尾巴的長度佔一半。

樹蕨植物

像今天的鱷魚一樣，棘龍把頭伸進水中捕食時，或會利用沿着牠頭顱骨的小孔來探測魚兒躲在哪裏。

棘龍身長約15米，可能是有史以來在陸上行走的最大型肉食者。

Spinosaurus
棘龍

英文讀音：SPINE-oh-SAW-russ
名字的意思：有棘的蜥蜴

棘龍的背部長有一個帆狀物，而且擁有長而窄的頜部，最適宜在水中捕食。牠可能是待在水中很久的大型肉食性恐龍之一。

蛋和巢穴

像所有爬行動物一樣，恐龍寶寶是從恐龍媽媽下的蛋孵化出來的。就像今天的鳥類一樣，很多不同種類的恐龍會坐在巢穴上給牠們的蛋保暖，並且保護它們。當恐龍寶寶被孵化出來後，有些會得到父母的照顧，有些則要靠自己謀生。

在蛋裏

專家認為有些恐龍寶寶會待在蛋裏數星期才被孵化出來。孵化時間的長短視乎恐龍寶寶的種類，有些差異會很大。

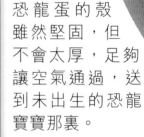

這隻未出生的恐龍在蛋內的形狀為我們提供了線索，讓我們知道恐龍的身體如何隨着時間變化和生長。

恐龍蛋的殼雖然堅固，但不會太厚，足夠讓空氣通過，送到未出生的恐龍寶寶那裏。

原角龍在同一個巢裏會下很多蛋。

恐龍巢穴

就像現代的鳥類一樣，恐龍會利用樹枝、泥和樹葉來築巢。專家在一個巢裏發現到超過10隻年輕的原角龍的遺體化石。他們認為年輕的恐龍可能是羣居的。

蛋白為恐龍寶寶提供成長所需的養分。

恐龍寶寶

慈母龍會把牠的蛋藏在植物下面來保暖。新生的恐龍會留在恐龍媽媽身邊。慈母龍會餵牠的寶寶吃植物。

新生的慈母龍的身長約30厘米，但牠們很快就長大了。

不同大小的蛋

恐龍蛋有不同的形狀和大小，但沒有一種恐龍蛋能比巨盜龍的蛋大。巨盜龍的蛋可能長達50厘米！

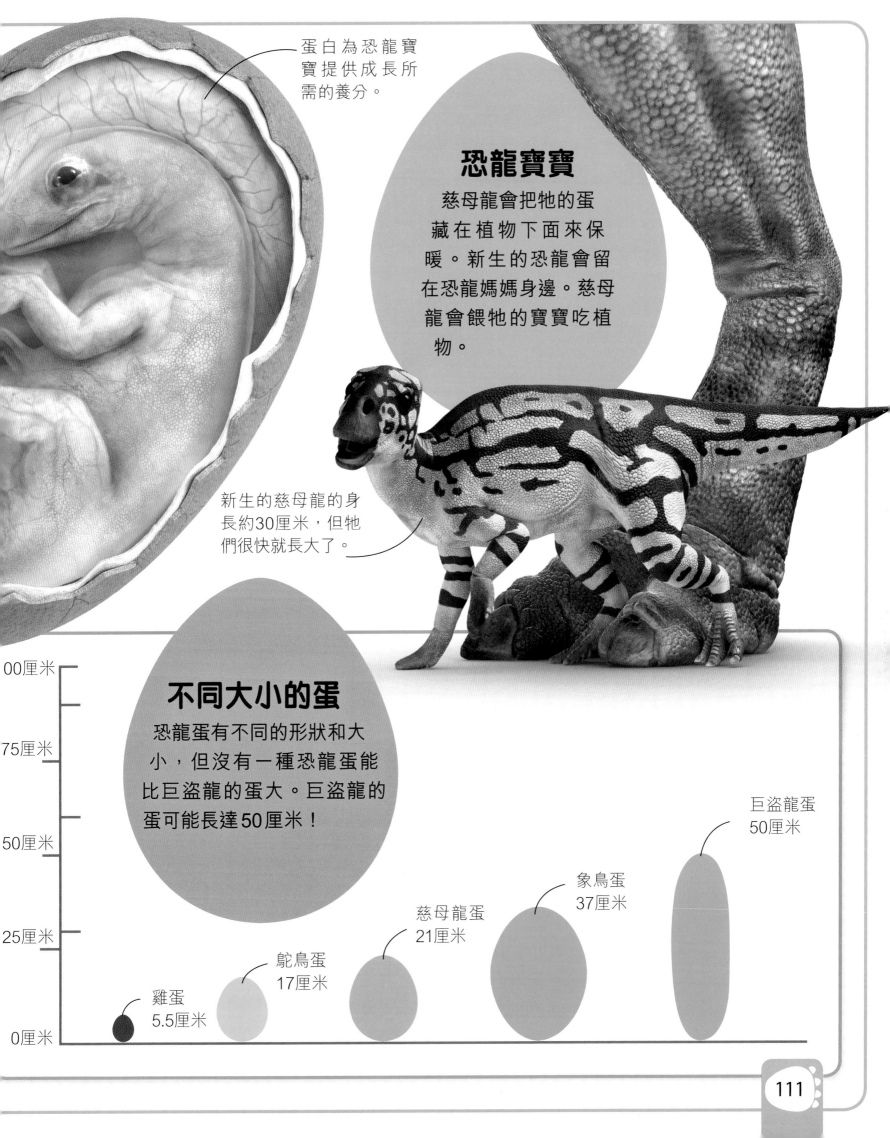

100厘米

75厘米

50厘米

25厘米

0厘米

雞蛋
5.5厘米

鴕鳥蛋
17厘米

慈母龍蛋
21厘米

象鳥蛋
37厘米

巨盜龍蛋
50厘米

南洋杉，或稱
猴謎樹

魏立松蘇鐵

劍角龍的腦部與牠的身體相比，顯得相當細小，跟一隻狗的腦部大小相若！

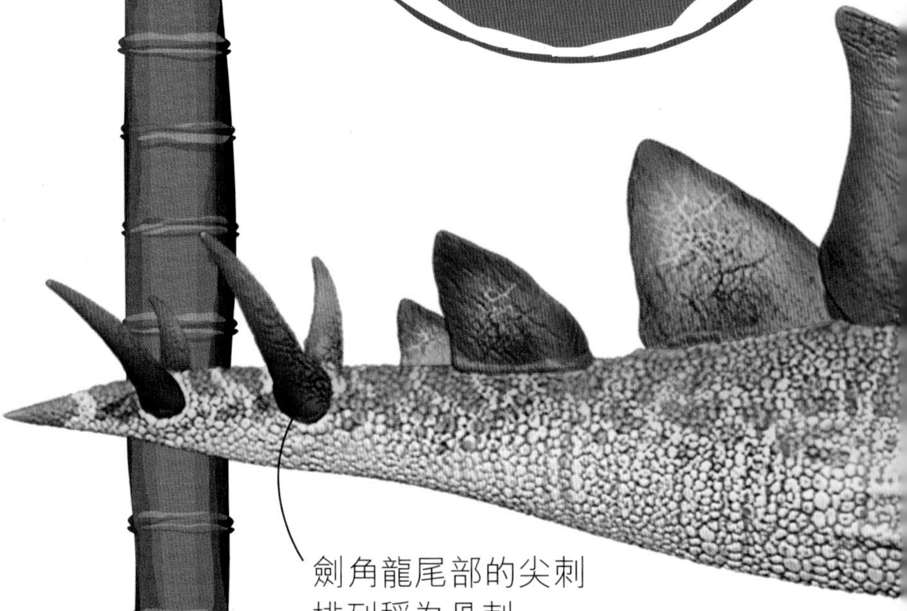

Stegoceras
劍角龍

英文讀音： STEG-oh-SEH-russ
名字的意思： 有角的頭頂

這種小型的雜食性恐龍的頭頂上長着一個厚厚的、有骨的拱頂，就像一個有角的頭頂。古生物學家至今仍未能確定其用途。

劍角龍尾部的尖刺排列稱為骨刺。

劍角龍的體形比牠的近親厚頭龍小得多，大約是一頭山羊的大小。

Stegosaurus
劍龍

英文讀音：STEG-oh-SAW-russ

名字的意思：有屋頂的蜥蜴

劍龍是一個擁有小腦袋、走路緩慢的傢伙，不過牠可以利用牠那條長1米、布滿尖刺的尾巴來抵禦敵人。此外，牠背上的**骨板**可能讓牠看起來比其他想襲擊牠的恐龍大。

劍龍的骨板與血管連結着，這樣可能有助牠保持着一個比較舒適的體溫。

劍龍背上的板狀物不是連接到牠的脊椎。事實上，它們是與皮膚和肌肉連接的骨骼，稱為皮內成骨。

似鳥龍類，如似鴕龍是
地球上奔跑速度最快的
恐龍種類。

Struthiomimus
似鴕龍

英文讀音：STREW-theo-MY-muss
名字的意思：鴕鳥的模仿者

似鴕龍生活在約7,000萬年前的北美洲。蛇髮女怪龍和懼龍會捕食這種有羽毛的恐龍。似鴕龍的跑速可達至每小時80公里。

似鴕龍的尾巴十分堅挺，能在跑步時起到平衡身體的作用。

我們在今天仍可見到巨型紅杉樹。

戟龍頭盾上的6根尖刺很可能是用來辨認其他同類，以及吸引異性的。

Styracosaurus 戟龍

英文讀音：sty-RACK-oh-SAW-russ
名字的意思：有尖刺的蜥蜴

戟龍生活在幾百萬年前，比牠的近親三角龍還要早。牠每邊臉頰上各長着一隻角，鼻子上長着一隻較長的角，而在覆蓋至脖子的頭盾頂則伸出6根長尖刺。從頭盾一直到尾部末端還布滿了小小的尖刺。

戟龍鼻子上的角約長50厘米。

超龍的遺體被發現於北美洲和歐洲。

似鱷龍的牙齒很長，尖頂呈圓錐形。

Suchomimus
似鱷龍

似鱷龍的後肢有像鐮刀般的爪，有助牠們在沼澤棲息地走動。

> **英文讀音：SOO-ka-MIME-uss**
> **名字的意思：鱷魚的模仿者**

埃及曾經是一片沼澤地，使它成為似鱷龍完美的狩獵場。似鱷龍是棘龍的親屬，擅長捕食大型魚類及海洋裏的爬行動物。牠的**顎長而窄**，像鱷魚一樣，裏面長着超過120顆牙齒。

科學家認為超龍是1億5,300萬年前，侏羅紀時期陸上行走的最大型動物之一。

一些專家認為超龍和似鱷龍的背上都長着一排又小又尖的刺！

1億年前，北美洲西部一片青蔥，到處種滿了銀杏樹、蕨類和蘇鐵等植物。

銀杏樹

Supersaurus
超龍

英文讀音：super-SAW-russ
名字的意思：超級蜥蜴

超龍曾經被稱為**超級龍**。跟牠的身長比較，牠是已知的**蜥腳類恐龍中**，擁有**最長脖子的恐龍之一**。牠的體重約40,000公斤，相當於**兩輛載着混凝土的工程車**的重量。

腱龍是被恐爪龍獵殺的。

蕨類植物

Tenontosaurus
腱龍

英文讀音：t-non-ta-SAW-russ
名字的意思：有腱子的蜥蜴

腱龍屬於中等體形的鳥腳類恐龍，牠的身長可達8米，體重約1,350公斤。這種草食性恐龍活躍於白堊紀時期。

目前還沒發現到超龍的頭顱骨。科學家只能利用牠近親的頭顱骨推測出牠的頭顱是長成什麼樣子的。

腱龍有「U」形的喙部，用來咬穿植物。

蘇鐵植物

鐮刀龍的身長是10米，體重約5,000公斤，牠們是手盜龍（maniraptoran）類中體形最大的成員。

南洋杉，或稱猴謎樹

Therizinosaurus
鐮刀龍

英文讀音：thera-ZINA-SAW-russ
名字的意思：鐮刀蜥蜴

鐮刀龍是外貌最奇怪的恐龍之一。不僅因為這種草食性恐龍全身覆蓋着羽毛，牠還是已知的恐龍中，**擁有最大的爪子的**，爪子可長達約1米。

這些巨爪看起來很像致命的狩獵工具，但專家相信鐮刀龍只是利用這些巨爪來撕碎植物。

到處都長滿了蕨類植物。

牛角龍和三角龍很相似。一些專家認為牠們可能是屬於同一個物種，只是隨着牠們長大，外貌上有所改變而已。

Torosaurus 牛角龍

英文讀音：TOH-row-SAW-russ
名字的意思：有孔的蜥蜴

牛角龍是已知陸地動物中擁有最大頭顱的動物之一。牠的頭顱約長3米。與三角龍很相似，牛角龍的雙眼上方長着**兩隻大大的角**，但牠鼻子上的角比其近親要小得多。

科學家靠分辨恐龍頭盾的形狀和大小來辨認長相相似的恐龍，例如牛角龍、亞伯達角龍和戟龍。

牛角龍的化石首次於1891年在美國西部被發現。

Triceratops
三角龍

英文讀音：try-serra-tops
名字的意思：有三隻角的臉

三角龍是迄今為止在有角的恐龍中最著名的。牠有三隻角、一個像鸚鵡的喙，以及一個非常大的頭盾。暴龍喜歡吃三角龍，專家認為三角龍可能會成羣結隊地移動，目的是為了保護自己免受這些強大的捕獵者的侵害。

專家認為6,550萬年前，曾有一顆隕石擊中地球，導致大部分動物和植物死亡，當中包括恐龍，更令牠們絕種。

三角龍的頭盾會隨着成長而改變形狀。頭盾上的孔和空隙會被骨骼填滿。

Troodon
傷齒龍

英文讀音：TRUE-oh-don
名字的意思：具傷害性的牙齒

與身體的大小比較，傷齒龍的腦袋是恐龍中最大的。牠還擁有雙目視覺，用兩隻眼睛來看東西，就像我們人類一樣。牠那彎曲的爪子和鋸齒狀的牙齒，讓牠能吃到很多不同的食物，包括肉類和植物。

這種草食性恐龍的肌肉十分發達和強壯。

傷齒龍一般能成長到跟一個成年人的體形差不多大。

這種會飛行的爬行動物，利用牠們鮮艷奪目的頭盾，發信號給牠們的同伴，像今日的大嘴鳥利用牠的喙一樣。

樹蕨

雷神翼龍很可能是雜食性的，牠會吃掉任何牠能抓到的植物、動物、魚類或昆蟲。

Tupandactylus
雷神翼龍

英文讀音：tup-an-DACT-aluss
名字的意思：塔佩雅拉的手指

雷神翼龍有一個非常大的頭冠，是由角蛋白做成的，與構成人類指甲的物質一樣。這種爬行動物是熟練的飛行家，牠可以像蝙蝠般快速而輕鬆地飛行，又像信天翁般可以滑翔很遠的距離。牠們可以聯羣結隊地飛行，足以遮蓋天空。

細小的恐龍

恐龍有不同的外形和大小。雖然體形越大的恐龍可能越出名，但體形細小的恐龍也令人嘖嘖稱奇。

獨特的生存方式和生態特質，令部分恐龍得以成功延續牠們的生命，以致在今日我們仍然能夠從一些動物身上發現到一點點恐龍的特質，我們稱這些動物為鳥類。

近鳥龍是有史以來體形最小的恐龍，牠們身長只有40厘米。

雞

科學家根據動物的共同特徵把牠們分門別類。例如人類屬於一種特殊類型的猿；而鳥類則屬於一種特殊類型的「恐龍」，也是唯一在今天仍然生存的。

中國鳥龍

古生物學家能找出中國鳥龍羽毛的顏色。它們的顏色十分鮮艷，由黃色、紅褐色、灰色和黑色混合而成。有些專家甚至曾提出牠們的噬咬是帶有毒性的。

帝龍

帝龍是肉食性恐龍，牠生活在1億2,500萬年前的中國。這種獸腳類恐龍用腿行走，腿上覆蓋着鱗片，身體的其餘部分則長滿羽毛，使牠能保持溫暖。

小盜龍

小盜龍是一種體形細小、長有4隻翅膀的獸腳類恐龍。牠生活在1億2,000萬年前的中國。小盜龍很可能是利用牠的翅膀來捕捉獵物，並用翅膀把獵物壓制着，以防止獵物逃跑。

蕨類植物

劍角龍

劍角龍生活在加拿大西部。牠有一個圓拱形的頭，就像牠的近親厚頭龍一樣，但比厚頭龍的要小得多。劍角龍有一個很厚的頭骨。專家們認為這可能對劍角龍在求偶對決中有幫助。

迅猛龍

迅猛龍於1923年在蒙古首次被發現。我們現在知道牠全身覆蓋着羽毛。牠的真正名字是「迅速的小偷」，當牠快速奔跑時，牠會利用尾巴來平衡身體。迅猛龍可能是集體獵食，而且經常捕食原角龍。

銀杏樹

暴龍很多近親都
長有羽毛，包括體
形細小、跑得很
快的帝龍。

暴龍擁有雙目視覺，像人類一樣，這有助牠尋找和捕捉獵物。

專家認為暴龍能一口吃掉230公斤的食物，這就好像把一整隻灰熊放進嘴裏一樣！

雖然暴龍的所有獸腳類近親都長有3指，但牠只有2指。

Tyrannosaurus rex
暴龍

英文讀音： tie-RAN-oh-SAW-russ reks
名字的意思： 暴君蜥蜴

暴龍的英文簡稱為 T .rex。這種體形龐大的肉食性恐龍擁有令人難以置信的**強大噬咬能力**。牠們的牙齒能生長至30厘米，每顆牙齒的兩邊都呈鋸齒狀且非常鋒利，像一把雙刃刀。暴龍令人更聞風喪膽的是，牠們跑得非常快，跑速能達至每小時29公里！

迅猛龍的體重約
15公斤，相當於
一隻中等體形的
狗的重量。

Utahraptor
猶他盜龍

英文讀音：U-ta-RAP-tor
名字的意思：猶他洲的盜賊

猶他盜龍生活在1億2,600萬年前的北美洲西部。牠是馳龍科家族裏體形最大的、有羽毛的恐龍。猶他盜龍是敏捷的跑手，體重約500公斤。牠或會集體獵食，合力擊敗大型獵物。

猶他盜龍的第二腳
趾長有大型、彎曲
的趾爪。這有助牠
奔跑時抓緊地面。

這次的恐龍大檢閱已進入尾聲了，但是你仍然可以繼續去發現和探索呢！

Velociraptor
迅猛龍

英文讀音：ve-LOSS-ee-RAP-tor
名字的意思：敏捷的盜賊

迅猛龍的身上長有羽毛，很可能是用作展示和保暖的。牠們還有彎曲的爪子。這種恐龍雖然不能飛行，但像鷹一樣，能利用彎曲的爪子把獵物抓緊。

Zuniceratops
祖尼角龍

英文讀音：zoo-nee-ser-ah-tops
名字的意思：來自祖尼部落的有角面孔

祖尼角龍比牠那些有角和有冠飾的親屬，早於1,000萬年便存在。透過比較祖尼角龍和後期的恐龍如三角龍、戟龍和尖角龍的骸骨，我們可以知道更多關於祖尼角龍如何在牠們身處的危險世界裏，為了生存而改變，並成功改變。

祖尼角龍只有125公斤，比牠們的近親三角龍細小得多。

恐龍的終結

大約在6,600萬年前，一顆珠穆朗瑪峯般大的隕石墜落在地球上，近今日墨西哥的位置，引致海嘯、全球山火，而且還改變氣候達數千年之久。它標記着地球上有75%的生命結束，包括所有不會飛行的恐龍。

隕石撞擊

隕石撞擊地球，產生了大量熱的塵和灰，並滲入大氣層，從而令地球大大加熱。

黑暗降臨

隕石撞擊所產生的煙塵被爆發上天空，並阻擋了太陽很多年。

地球冷卻

陽光被阻擋了，意味着溫度下降，從而令地球逐漸冷卻，很多動物和植物開始掙扎求存。

誰生存下來了？

雖然隕石撞擊令恐龍滅絕了，但很多其他類型的動物反而能夠生存下來，並且越見繁盛。

鳥類能夠生存下來，因為牠們可以吃各種食物，而且能夠飛很遠的距離去尋找食物。

昆蟲

由於很多捕食昆蟲的動物已絕種，因此昆蟲的數量仍然很多。

哺乳類

爬行類

小型的哺乳類動物，尤其是那些能挖洞來保護自己的，便能生存下來。

雖然數千種海洋動物被滅絕，但海龜卻活下來了。

鳥類

草食性恐龍死亡

能吃的植物越來越少，在糧食短缺下很多草食性恐龍開始步向死亡，尤其是那些體形巨大的，因為牠們需要進食大量的食物。

肉食性恐龍死亡

最後，可捕殺的草食性動物也越來越少了，隨着食物供應逐漸消失，肉食性恐龍也相繼滅絕了。

今日的恐龍

我們今天所看見的鳥類跟已絕種的獸腳類恐龍，有很多共同的特徵，包括三隻腳趾、喙部、叉骨和羽毛。根據這些特徵，大多數恐龍專家相信鳥類不單是從恐龍進化而成，更可能屬恐龍的一種！

透過研究現今雀鳥腦部的外形和大小，我們能更了解牠們已絕種的近親——恐龍的腦部。

鳥類

今日的鳥類有不同的形狀和大小，就像昔日的恐龍一樣。牠們的翅膀和喙部的形狀差異也很大，但都是為了幫助牠們適應所身處的環境。

就算是體形很小的雀鳥也是恐龍的後裔，像這隻歐亞的鳴鳥。

羽毛有助鳥類和恐龍保持身體溫暖、向同伴發出信號，以及有時用來滑翔和飛行。

雞隻是不會用翅膀來飛行的。

獸腳類恐龍，包括所有仍然生存的鳥類，都屬於用兩腿直立行走的動物。

雞隻的大頭冠是用來吸引配偶，跟恐龍頭冠的功用一樣。

獸腳類的英文 theropod，意思是有「野獸的腳」。

迅猛龍

這種恐龍不會飛行，但身上長有羽毛，看起來像鳥類。

假如鳥類是恐龍，那就是說恐龍還未真正絕種呢！

始祖鳥

這是第一批會飛行的恐龍之一。牠有一條長長的、有骨的尾巴，所以牠不能飛太遠。

由恐龍到鳥類

恐龍和鳥類開始時看起來很不同，但隨着時間過去，有羽毛的恐龍開始發出變化，直到變成今日的鳥類。

喜鵲鵝

真正的鳥類能飛行很長的距離。

恐龍小檔案

看，牠們是參加了這次恐龍大檢閱的恐龍，你認得牠們嗎？

圖示說明

- ⚡ 類別
- ⚔ 發現地點
- ▬ 身長
- ⬤ 體重
- ■ 二疊紀
- ■ 三疊紀
- ■ 侏羅紀
- ■ 白堊紀
- ■ 中新世

Argentinosaurus 阿根廷龍
- ⚡ 蜥腳類
- ⚔ 阿根廷
- ▬ 39米
- ⬤ 82,000公斤

Abelisaurus 阿貝力龍
- ⚡ 獸腳類
- ⚔ 阿根廷
- ▬ 9米
- ⬤ 900公斤

Amargasaurus 阿馬加龍
- ⚡ 蜥腳類
- ⚔ 阿根廷
- ▬ 10米
- ⬤ 2,720公斤

Austroraptor 南方盜龍
- ⚡ 獸腳類
- ⚔ 阿根廷
- ▬ 5米
- ⬤ 365公斤

Albertaceratops 亞伯達角龍
- ⚡ 角龍類
- ⚔ 加拿大
- ▬ 6米
- ⬤ 3,500公斤

Anchiornis 近鳥龍
- ⚡ 獸腳類
- ⚔ 中國
- ▬ 0.5米
- ⬤ 110克

Barosaurus 重龍
- ⚡ 蜥腳類
- ⚔ 美國
- ▬ 26米
- ⬤ 18,000公斤

Albertosaurus 艾伯塔龍
- ⚡ 獸腳類
- ⚔ 加拿大
- ▬ 9米
- ⬤ 1,360公斤

Ankylosaurus 甲龍
- ⚡ 甲龍類
- ⚔ 北美洲
- ▬ 6米
- ⬤ 5,440公斤

Apatosaurus 迷惑龍
- ⚡ 蜥腳類
- ⚔ 美國
- ▬ 22米
- ⬤ 20,000公斤

Baryonyx 重爪龍
- ⚡ 獸腳類
- ⚔ 歐洲
- ▬ 7米
- ⬤ 1,090公斤

Brachiosaurus 腕龍
- ⚡ 蜥腳類
- ⚔ 美國
- ▬ 26米
- ⬤ 30,800公斤

Allosaurus 異特龍
- ⚡ 獸腳類
- ⚔ 葡萄牙、美國
- ▬ 9米
- ⬤ 2,085公斤

Archaeopteryx 始祖鳥
- ⚡ 獸腳類
- ⚔ 德國
- ▬ 0.5米
- ⬤ 1公斤

Brachylophosaurus 短冠龍
- ⚡ 鴨嘴龍科
- ⚔ 北美洲
- ▬ 11米
- ⬤ 6,350公斤

Camarasaurus 圓頂龍
蜥腳類　美國
23米　42,600公斤

Centrosaurus 尖角龍
角龍類　加拿大
6米　1,000公斤

Corythosaurus 冠龍
鴨嘴龍科　北美洲　8米
4,000公斤

Camptosaurus 彎龍
禽龍類　美國
6米　850公斤

Ceratosaurus 角鼻龍
獸腳類
北美洲、葡萄牙、坦桑尼亞
6米　980公斤

Cryolophosaurus 冰脊龍
獸腳類
南極洲
6.5米　465公斤

Citipati 葬火龍
獸腳類　蒙古
2米　50公斤

Daspletosaurus 懼龍
獸腳類　加拿大
9米　2,720公斤

Carcharodontosaurus 鯊齒龍
獸腳類　13米　10,886公斤
阿爾及尼亞、尼日爾、突尼斯

Coelophysis 腔骨龍
獸腳類　美國
3米　15公斤

Deinocheirus 恐手龍
似鳥龍類　蒙古
11米　5,443公斤

Carnotaurus
食肉牛龍
獸腳類　阿根廷
9米　1,225公斤

Compsognathus 美頜龍
似鳥龍類　德國、法國
1米　3.5公斤

Deinonychus 恐爪龍
獸腳類　美國
3.5米　73公斤

Caudipteryx 尾羽龍
獸腳類　中國
1米　2.5公斤

Concavenator 昆卡獵龍
獸腳類　西班牙
6米　980公斤

Dilong 帝龍
獸腳類
中國
2米　10公斤

Dilophosaurus 雙脊龍
- 獸腳類
- 美國
- 7米
- 400公斤

Eryops 引螈
- 離片錐目
- 美國
- 3米
- 90公斤

Giraffatitan 長頸巨龍
- 蜥腳類
- 坦桑尼亞
- 22米
- 27,200公斤

Dimetrodon 異齒龍
- 合弓綱
- 北美洲
- 4米
- 250公斤

Euoplocephalus 包頭龍
- 甲龍類
- 美國
- 6米
- 1,800公斤

Hadrosaurus 鴨嘴龍
- 鴨嘴龍科
- 美國
- 9米
- 6,350公斤

Dimorphodon 雙型齒翼龍
- 翼龍類
- 英國
- 1米
- 2公斤

Gallimimus 似雞龍
- 似鳥龍類
- 蒙古
- 8米
- 450公斤

Herrerasaurus 艾雷拉龍
- 獸腳類
- 阿根廷
- 6米
- 350公斤

Diplodocus 梁龍
- 蜥腳類
- 北美洲
- 25米
- 13,600公斤

Heterodontosaurus 畸齒龍
- 畸齒龍
- 南非
- 1米
- 10公斤

Dryosaurus 橡樹龍
- 禽龍類
- 美國
- 4米
- 90公斤

Giganotosaurus 南方巨獸龍
- 獸腳類
- 阿根廷
- 13米
- 11,800公斤

Hypacrosaurus 亞冠龍
- 鴨嘴龍科
- 北美洲
- 9米
- 3,600公斤

Edmontosaurus 埃德蒙頓龍
- 鴨嘴龍科
- 北美洲
- 12米
- 3,600公斤

Gigantoraptor 巨盜龍
- 獸腳類
- 蒙古
- 8米
- 1,800公斤

Hypsilophodon 稜齒龍
- 似鳥龍類
- 英國
- 2米
- 20公斤

Iguanodon 禽龍
- 鴨嘴龍科
- 歐洲西部
- 10米
- 3,500公斤

Masiakasaurus 惡龍
- 獸腳類
- 馬達加斯加
- 2米
- 35公斤

Ornitholestes 嗜鳥龍
- 獸腳類
- 美國
- 2米
- 25公斤

Irritator 激龍
- 獸腳類
- 巴西
- 7.5米
- 900公斤

Microraptor 小盜龍
- 獸腳類
- 中國
- 2米
- 1公斤

Pachycephalosaurus 厚頭龍
- 厚頭龍類
- 美國
- 4.5米
- 450公斤

Kentrosaurus 釘狀龍
- 劍龍類
- 坦桑尼亞
- 4.5米
- 900公斤

Muttaburrasaurus 木他龍
- 鴨嘴龍科
- 澳洲
- 8米
- 2,700公斤

Pachyrhinosaurus 厚鼻頭龍
- 角龍類
- 北美洲
- 8米
- 4,000公斤

Lambeosaurus 賴氏龍
- 鴨嘴龍科
- 北美洲
- 9米
- 5,000公斤

Neovenator 新獵龍
- 獸腳類
- 英國
- 7.5米
- 1,000公斤

Parasaurolophus 副櫛龍
- 鴨嘴龍科
- 北美洲
- 9.5米
- 2,300公斤

Maiasaura 慈母龍
- 鴨嘴龍科
- 美國
- 9米
- 4,000公斤

Nigersaurus 尼日爾龍
- 蜥腳類
- 尼日爾
- 9米
- 3,600公斤

Pelecanimimus 似鵜鶘龍
- 似鳥龍類
- 西班牙
- 2.5米
- 45公斤

Phorusrhacos 恐鶴
- 獸腳類
- 阿根廷
- 2.5米
- 130公斤

Mamenchisaurus 馬門溪龍
- 蜥腳類
- 中國
- 35米
- 50,000公斤

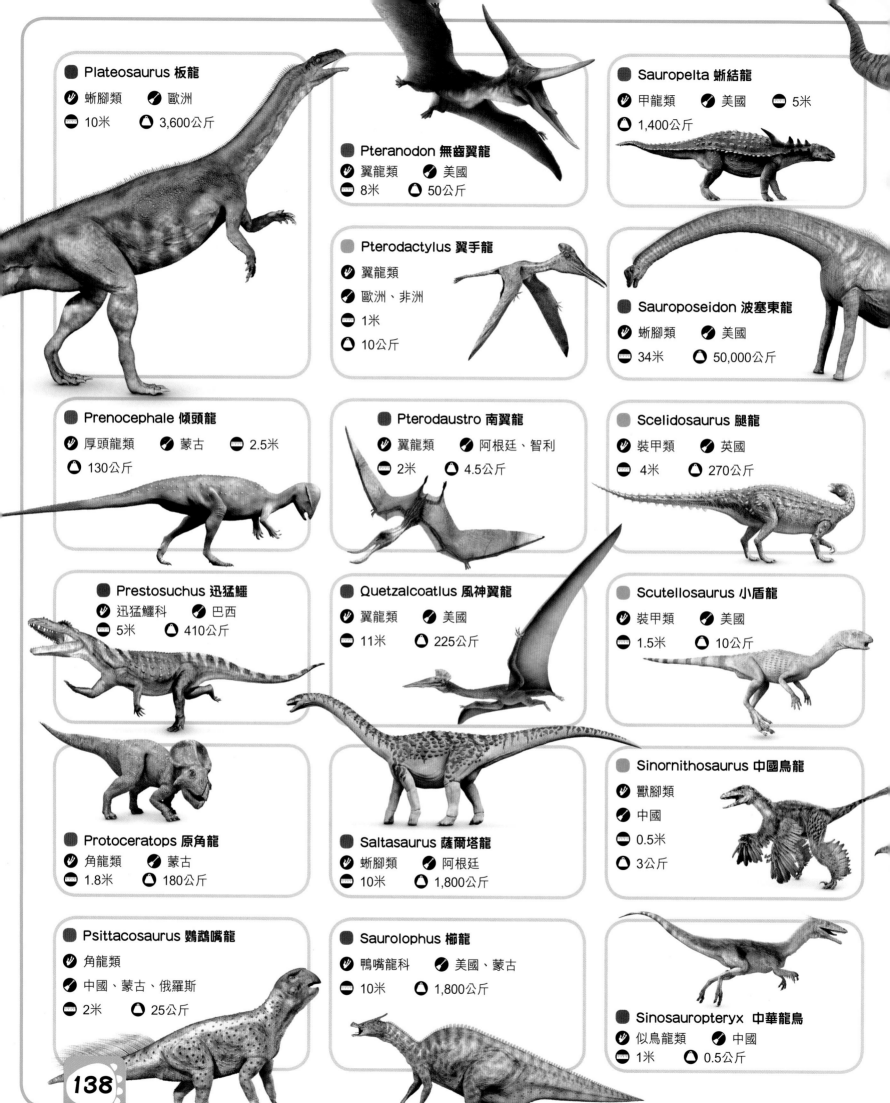

Plateosaurus 板龍
- 蜥腳類
- 歐洲
- 10米
- 3,600公斤

Pteranodon 無齒翼龍
- 翼龍類
- 美國
- 8米
- 50公斤

Pterodactylus 翼手龍
- 翼龍類
- 歐洲、非洲
- 1米
- 10公斤

Prenocephale 傾頭龍
- 厚頭龍類
- 蒙古
- 2.5米
- 130公斤

Pterodaustro 南翼龍
- 翼龍類
- 阿根廷、智利
- 2米
- 4.5公斤

Prestosuchus 迅猛鱷
- 迅猛鱷科
- 巴西
- 5米
- 410公斤

Quetzalcoatlus 風神翼龍
- 翼龍類
- 美國
- 11米
- 225公斤

Protoceratops 原角龍
- 角龍類
- 蒙古
- 1.8米
- 180公斤

Saltasaurus 薩爾塔龍
- 蜥腳類
- 阿根廷
- 10米
- 1,800公斤

Psittacosaurus 鸚鵡嘴龍
- 角龍類
- 中國、蒙古、俄羅斯
- 2米
- 25公斤

Saurolophus 櫛龍
- 鴨嘴龍科
- 美國、蒙古
- 10米
- 1,800公斤

Sauropelta 蜥結龍
- 甲龍類
- 美國
- 5米
- 1,400公斤

Sauroposeidon 波塞東龍
- 蜥腳類
- 美國
- 34米
- 50,000公斤

Scelidosaurus 腿龍
- 裝甲類
- 英國
- 4米
- 270公斤

Scutellosaurus 小盾龍
- 裝甲類
- 美國
- 1.5米
- 10公斤

Sinornithosaurus 中國鳥龍
- 獸腳類
- 中國
- 0.5米
- 3公斤

Sinosauropteryx 中華龍鳥
- 似鳥龍類
- 中國
- 1米
- 0.5公斤

Spinosaurus 棘龍
- 獸腳類
- 非洲北部
- 15米
- 18,000公斤

Supersaurus 超龍
- 蜥腳類
- 美國
- 33米
- 40,000公斤

Tupandactylus 雷神翼龍
- 翼龍類
- 巴西
- 5米
- 60公斤

Stegoceras 劍角龍
- 厚頭龍類
- 北美洲
- 2米
- 35公斤

Tenontosaurus 腱龍
- 鴨嘴龍科
- 美國
- 8米
- 1,350公斤

Tyrannosaurus 暴龍
- 獸腳類
- 美國
- 12米
- 9,000公斤

Stegosaurus 劍龍
- 劍龍類
- 美國
- 9米
- 3,100公斤

Therizinosaurus 鐮刀龍
- 獸腳類
- 蒙古
- 10米
- 5,000公斤

Utahraptor 猶他盜龍
- 獸腳類
- 美國
- 7米
- 500公斤

Struthiomimus 似鴕龍
- 似鳥龍類
- 加拿大
- 4米
- 300公斤

Torosaurus 牛角龍
- 角龍類
- 北美洲
- 8米
- 4,500公斤

Velociraptor 迅猛龍
- 獸腳類
- 蒙古
- 2米
- 15公斤

Styracosaurus 戟龍
- 角龍類
- 加拿大
- 5.5米
- 2,250公斤

Triceratops 三角龍
- 角龍類
- 美國
- 9米
- 11,000公斤

Suchomimus 似鱷龍
- 獸腳類
- 尼日爾
- 10米
- 2,700公斤

Troodon 傷齒龍
- 獸腳類
- 美國
- 2.5米
- 50公斤

Zuniceratops 祖尼角龍
- 角龍類
- 美國
- 3米
- 125公斤

詞彙表

以下是一些關於恐龍的詞彙，來看看它們的意思吧！

兩棲動物（amphibian）
恆溫的脊椎動物，擁有濕潤的皮膚，會在水中產卵，而且能在陸地或水裏生活，例如蠑螈、青蛙。

雙目視覺（binocular vision）
雙眼同時移動以聚焦在同一件事物上，產生清晰的影像。

犬齒（canine teeth）
哺乳類動物的口腔裏，接近前端的尖利牙齒，用作捕捉或進食獵物。

肉食動物（carnivore）
以其他動物的肉為主要食糧的動物。

角龍類（ceratopsian）
大部分角龍亞目恐龍都是四腳的草食性動物，頭上長有尖角、頭盾和刺。

V字骨（chevron）
這是尾巴末端的一串V字形骨頭。大部分爬行動物、恐龍和哺乳類動物的尾巴都長有這種骨頭。

冷血動物（cold-blooded）
這種動物在調節體溫時，只能倚靠外在環境來升溫或降溫。

白堊紀（Cretaceous）
中生代三個時期裏的其中一個時段，約由1億4,500百萬年前開始，至6,600萬年前結束。

馳龍科（dromaeosaur）
意思是「奔跑的蜥蜴」，這種恐龍為人所知的是盜龍（raptor）。牠們長有羽毛、鋒利的爪子和牙齒，用以獵食。

絕種（extinct）
某種生物的成員全數死亡。

化石（fossil）
至少有1萬年歷史的動物或植物的無機遺骸，包括：骨骼、壓痕、腳印。

胃石（gastrolith）
胃石是動物吞下的小石頭或小岩石，幫助磨碎胃部的植物，促進消化。

鴨嘴龍科（hadrosaur）
鴨嘴龍科的恐龍擁有鴨嘴和頭冠，而且有不同種類，生活在8,600萬至6,600萬年前。

草食動物（herbivore）
以尋找和進食植物維生的動物，包括：樹葉、植物根部和種子。

黃昏鱷（Hesperosuchus）
鱷魚早期的祖先，生活在2億2,000萬年前。

表層（integument）
覆蓋動物骨骼的非骨質構造，包括：皮膚、鱗片、羽毛、外殼。

無脊椎動物（invertebrate）
沒有脊椎的動物，例如：昆蟲、蠕蟲、水母、蜘蛛。

侏羅紀（Jurassic）
中生代的第二段時期，約由2億年前開始，至1億4,500百萬年前結束。

角蛋白（keratin）
一種堅硬的物質，是指甲、角、蹄、爪、喙的主要構成物質。

哺乳類動物（mammal）
長有毛皮或毛髮的脊椎動物，在年幼時期由母親餵哺母乳，例如：狗和熊。

手盜龍（maniraptoran）
手盜龍類是體形細小，主要以吃肉維生的恐龍種類。牠們長有羽毛，後來進化為現今的雀鳥。

中生代（Mesozoic）
這是恐龍生活的時代，約由2億5,200萬年前開始，至6,600萬年前結束。中生代分為三疊紀、侏羅紀和白堊紀三個時期。

鼻骨（nasal bone）
鼻柱的骨頭，組成鼻樑。

神經棘（neural spine）
動物背部向上伸展出來、很大的棘。

雜食動物（omnivore）
某些可以吃所有類型的食物維生的動物，包括：其他動物、植物、昆蟲、魚類。

第五隻對生手指
（opposable fifth finger）
能跟其他手指以指尖相碰的手指，讓動物能夠抓住物件。

似鳥龍（ornithomimid）
牠們跟鴕鳥相似，以兩腳行走，大部分長有羽毛，而且是跑得最快的恐龍。

鳥腳類（ornithopod）
強大的兩腿恐龍種類，利用構造獨特的牙齒進食。

皮內成骨（osteoderm）
皮膚下的骨甲或凸出物，被當作鎧甲，以抵擋捕食者的攻擊。

古生物學（paleontology）
這門科學是研究人類出現前的生物，古生物學家會對化石進行研究。

二疊紀（Permian）
剛好在恐龍出現之前的時代，約在2億9,900萬年至2億5,000萬年前。

捕食者（predator）
任何以捕食其他動物維生的動物，捕食者包括：獅子、狼、殺人鯨。

獵物（prey）
被其他動物獵殺，然後當作食物的動物。

原蜥腳類（prosauropod）
體形較小，能用雙腳行走的草食性恐龍，後來演變為蜥腳類。

原始羽毛（protofeather）
一簇簇用以保暖的柔軟羽毛，後來進化成完整的大羽毛，用來飛翔。

翼龍（pterosaur）
能夠飛翔的恆溫爬行動物，跟恐龍一起生活在中生代。

爬行動物（reptile）
在陸地上生活的冷血脊椎動物，擁有鱗狀皮膚，例如：蛇和蜥蜴。

河岸（riparian）
河或溪流周邊的地方，能夠容納大量不同種類的生物。

蜥腳類（sauropod）
擁有五隻腳趾，長頸項，長尾巴的恐龍種類，牠們是史上最巨大的陸上動物。

搜尋/拾撿（scavenge）
在某一地方尋找或搜集東西，特別是食物。

鋸齒狀（serrated）
在邊緣部分呈V形的切口，就像刀邊那樣，常用作切割和修剪。

鐮刀狀（sickle-shaped）
彎曲的邊緣，跟鈎子相似，常用作砍打或切割。

立體視覺（stereoscopic vision）
三維（3D）視覺，能讓動物看到目標事物的深度和距離。

腱（tendon）
遍滿身體的一條條堅韌組織帶，用以連接肌肉和骨骼。

獸腳類（theropod）
擁有三隻腳趾，能用兩腿行走的肉食性恐龍，這些特徵跟現今部分雀鳥一樣。

拇指的指爪（thumb spike）
部分動物的拇指位置長有尖利的爪骨，常用作武器。

三疊紀（Triassic）
中生代的其中一段時期，約由2億5,000萬年前開始，至2億年前結束。

植被（vegetation）
在某特定地方生長的植物。

脊椎動物（vertebrate）
擁有脊椎的動物，腦部由頭顱骨保護，例如哺乳類動物和鳥類。

溫血動物（warm-blooded）
溫血動物能自身調節體溫，例如透過流汗或顫抖降溫和升溫。

索引

鳴謝

The publisher would like to thank the following for their assistance in the preparation of this book: Jaileen Kaur and Romi Chakraborty (design), Vijay Kandwal (DTP design), and Sakshi Saluja (Picture research).

The publisher would like to thank the following for their kind permission to reproduce their photographs:

(Key: a-above; b-below/bottom; c-centre; f-far; l-left; r-right; t-top)

2 Alamy Stock Photo: Elena Elenaphotos21 (bc). 7 Dorling Kindersley: Natural History Museum, London (cla). 9 Getty Images: Nobumichi Tamara / Stocktrek Images (c). 12-13 Alamy Stock Photo: Eye Risk. 16 Dreamstime.com: Leonello Calvetti (b). 18-19 Alamy Stock Photo: Chrisstockphotography. 24-25 Alamy Stock Photo: Friedrich Saurer (b). 27 Getty Images: Nobumichi Tamara / Stocktrek Images (b). 30 Dreamstime.com: Corey A. Ford. 45 Dreamstime.com: Corey A. Ford. 46-47 Alamy Stock Photo: Elena Elenaphotos21. 46 Dreamstime.com: Corey A. Ford (cla). 50 Dorling Kindersley: Jon Hughes (cr). Getty Images: Nobumichi Tamara / Stocktrek Images (cra). 50-51 Dorling Kindersley: Ed Merritt / Dorling Kindersley. 51 Getty Images: Nobumichi Tamara / Stocktrek Images (ca). 64-65 Getty Images: SCIEPRO. 65 Alamy Stock Photo: Stocktrek Images, Inc. (b). 66 Dorling Kindersley: Roby Braun / Gary Ombler (tl). 67 Dorling Kindersley: Jon Hughes (cr). 68-69 Getty Images: Nobumichi Tamara / Stocktrek Images. 72 Alamy Stock Photo: Reynold Sumayku (clb). 72-73 Dorling Kindersley: Royal Tyrrell Museum of Palaeontology, Alberta, Canada. 73 Dorling Kindersley: Natural History Museum, London (tr). 82-83 Alamy Stock Photo: Stocktrek Images, Inc.. 83 Dreamstime.com: Corey A. Ford (b). 84-85 Dorling Kindersley: Jon Hughes. 84 Dorling Kindersley: David Peart (bl); Linda Pitkin (bc). 92 Alamy Stock Photo: Stocktrek Images, Inc. (bl). 96-97 Getty Images: Photographer's Choice RF / Jon Boyes. 97 Getty Images: Nobumichi Tamura / Stocktrek Images (br). 98 Dorling Kindersley: Jon Hughes (cla). 110 Dorling Kindersley: Natural History Museum (bl). 131 Photolibrary: Photodisc / White (cla). 133 Alamy Stock Photo: Ray Wilson (b). 134 Alamy Stock Photo: Eye Risk (cla); Friedrich Saurer (cra). Dreamstime.com: Corey A. Ford (br); Leonello Calvetti (ca). Getty Images: Nobumichi Tamara / Stocktrek Images (crb). 135 Alamy Stock Photo: Elena Elenaphotos21 (cr/Deinocheirus). Dreamstime.com: Corey A. Ford (cra). 136 Alamy Stock Photo: Stocktrek Images, Inc. (cr). Dorling Kindersley: Roby Braun / Gary Ombler (cl). Getty Images: SCIEPRO (cra); Nobumichi Tamara / Stocktrek Images (crb). 137 Alamy Stock Photo: Stocktrek Images, Inc. (cb). Dreamstime.com: Corey A. Ford (tr). 138 Alamy Stock Photo: Stocktrek Images, Inc. (cl). Dorling Kindersley: Jon Hughes (c). 139 Getty Images: Nobumichi Tamura / Stocktrek Images (tr)

Cover images:
Front: Dorling Kindersley: Jon Hughes tc

All other images © Dorling Kindersley
For further information see: www.dkimages.com